电网企业
一线员工 作业一本通

配电网现场业务数字化

国网浙江省电力有限公司　组编

中国电力出版社
CHINA ELECTRIC POWER PRESS

U0662424

内容提要

本书为"电网企业一线员工作业一本通"系列丛书中的《配电网现场业务数字化》分册，包括总述篇、业务篇和案例篇，涵盖了配电网现场业务数字化的基础知识、功能介绍、典型应用、问题处理等内容。

本书可作为配电网现场业务数字化全覆盖的培训用书。

图书在版编目（CIP）数据

电网企业一线员工作业一本通. 配电网现场业务数字化 / 国网浙江省电力有限公司组编 . —北京：中国电力出版社，2023.4
ISBN 978-7-5198-7606-7

Ⅰ . ①电… Ⅱ . ①国… Ⅲ . ①电力工业 – 职工培训 – 教材 ②配电系统 – 数字化 – 职工培训 – 教材
Ⅳ . ① TM ② TM727

中国国家版本馆 CIP 数据核字（2023）第 035370 号

出版发行：中国电力出版社		印　　刷：河北鑫彩博图印刷有限公司
地　　址：北京市东城区北京站西街 19 号		版　　次：2023 年 4 月第一版
邮政编码：100005		印　　次：2023 年 4 月北京第一次印刷
网　　址：http://www.cepp.sgcc.com.cn		开　　本：787 毫米 ×1092 毫米 横 32 开本
责任编辑：刘丽平　张冉昕		印　　张：13.125
责任校对：黄　蓓　常燕昆		字　　数：326 千字
装帧设计：张俊霞		印　　数：0001—4000 册
责任印制：石　雷		定　　价：75.00 元

版 权 专 有　侵 权 必 究

本书如有印装质量问题，我社营销中心负责退换

编 委 会

主　编　王凯军

副主编　杨松伟　叶刚进　沈建良

编　委　苏毅方　来　骏　雷江平　王　宁　蒋建杰　陈哲浩　徐朝阳　任广振

　　　　　周安仁　张龙超　王建锋　俞　伟　仲　赞　何健强　徐学礼　叶清泉

　　　　　谢树聪　吕　峰　叶　韵　陈蕴迪　林春平　吴旭光　徐国华

编 写 组

组　长　沈建良

副组长　苏毅方　来　骏　任广振

成　员　俞　伟　仲　赞　张日勇　鲁洋超　钱志军　刘笑园　葛晓军　林文钊　毕祥宜

胡江南　马　驹　马　凌　刘　皓　王康杰　包郁航　陈桓宇　林启待　姜朝明

钱忠敏　刘腾柱　吴俊智　方吉吉　刘　超　宋　霄　陈云飞　林金伟　徐恺文

周　彬　曾　航　戴文丹　陈石敏　许　涛　王志勇　杨　城　张乐骐　徐文剑

张　烁　章晓聪　李兆年　金晔炜　陈永波　杨玉琦　段　元　李习华　朱正航

裘麒洋　卢丽珍　石士非　屠佳伟　王腾飞　吴长江　祝翰林　赵吉康　周海东

陈　亮　胡钱巍　李　健　林劭峰　赵鲁冰　钟剑杰　陈　力　朱斌斌　何琴琴

张　乐　沈　炼　温庆考　张　璇　杨　丽　陈伟伟　诸定生　陈浩飞　桂亚红

前　言

为适应国家电网有限公司加快现代设备管理体系建设要求，提升业务在线化、作业移动化、信息透明化、支撑智能化应用水平，支撑配电网现场业务数字化管理，国网浙江省电力有限公司组织管理专家和生产人员，按照"规范、统一、实效"的原则，编写了《电网企业一线员工作业一本通　配电网现场业务数字化》一书。本书根据国家电网有限公司现场业务数字化管理要求，结合基层单位实际和应用经验编写而成，具有系统全面、图文并茂、切合实际等特点，能够为电网企业生产人员熟悉现场业务数字化相关操作，尽快开展系统应用提供有效帮助。

本书分为总述、业务、案例三篇，涵盖了配电网现场业务数字化的基础知识、功能介绍、典型应用、问题处理等内容。

本书的编写得到了国网浙江省电力有限公司、国网湖州供电公司等单位的大力支持，在此谨向参与本书编写、研讨及业务指导的各位领导、专家和有关单位致以诚挚的感谢！

由于编写人员水平所限，疏漏之处在所难免，敬请广大读者批评指正。

本书编写组

2023年2月

目　录

Part 1

总述篇

第一章　数字配电网功能简介

数字配电网微应用基于"i国网"App、电网资源业务中台、浙电PMS3.0、供电服务指挥系统的构建，实现配电抢修、配电巡视、配电带电作业、配电工程、配电检测、作业监督等业务的全过程移动化、数字化，实现配电现场业务的统一指挥、协调督办、过程管控、监控预警和作业评价，形成数字化配电服务的新形态，通过"互联网+"、移动设备的合理组合，高效支撑配电一线人员日常巡视检修工作。

数字配电网以电网资源业务中台为数据核心、供电服务指挥系统为业务服务支撑、配电现场业务为主线，深度融合配电巡视、抢修、工程、检测等配电专业模块数据，强化配电业务现场作业能力，解决配电现场业务数据线下誊抄再到内网系统线上录入、巡视过程无法监控、巡视人员巡视轨迹无法掌握、现场抢修作业线下誊抄拍照记录再到内网系统线上录入等作业瓶颈问题，持续提升配电一线作业服务响应和管控能力，如图1-1所示。

本书重点介绍的内容包括：通过配电巡视作业实现配电线路与配电设备的线上巡视；通过设备在线搜索、设备范围查询、实物扫码实现设备快速签到；通过设备关系实现杆上设备与同杆并架设备的查询与签到，实现设备缺陷填报、巡视轨迹上报、巡视记录登记等功能；通过配电网抢修，实现配电网故障线上处理，抢修资源在线申请，停电信息实时交互，提高抢修工作效率，缩短客户停电时间，提高优质服务水平和用户满意度；通过配电网缺陷模块，实现配电设备的缺陷移动管理，实现缺陷线上填报、线上流转、线上审批，提高设备健康水平，确保电网安全运行；通过操作票管理，进一步规范化、统一化、标准化现场工作，提高工作质量；通过工单化管控，实现配电网各项业务工作任务工单化、工作任务量化、工作任务可视化、工作流程标准化，最终形成智能透明、标准驱动、全面管控的配电业务；通过配电检测，实现检测任务与检测过程在线处理，解决人工誊抄试验记录再转录入供电服务指挥系统的作业过程。

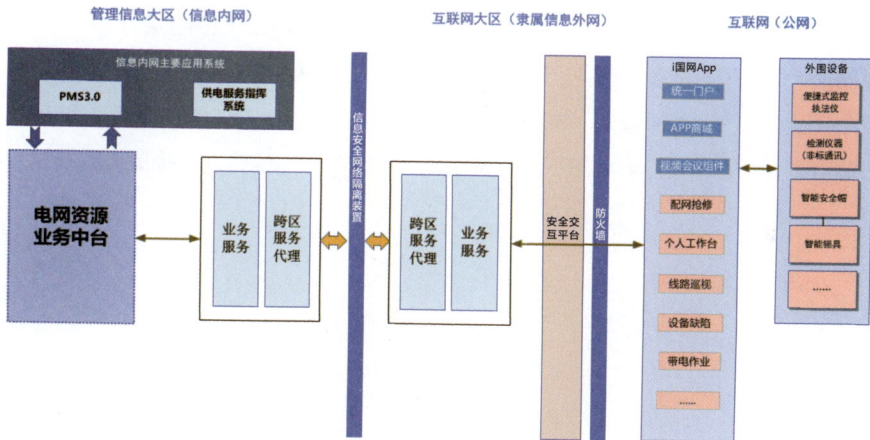

图1-1　数字配电网集成架构

第二章　装备简介

　　红外热成像仪：一种利用红外热成像技术，通过对标的物进行红外辐射探测并加以信号处理、光电转换等手段，将标的物温度分布的图像转换成可视图像的设备。

　　局部放电检测仪：感知检测运转设备故障、振动、泄漏及电气局部放电所产生的高频信号，通过独特外差法将这些信号转换为音频信号，让检测仪器听到这些声音并具备强度指示的检测装置。

　　接地电阻检测仪：适用于测量电气设备、防雷设备等接地系统的接地电阻值，也适用于地电压的测量。

　　绝缘电阻检测仪：在电气设备的保养、维修、试验及检定中进行绝缘测试的装置。

　　单相接地故障测试仪：在线路停电状态下，对发生单相接地故障的线路进行接地故障查找、确定故障点的装置。

第三章 名词解释

名词定义

1. 配电网

从电源侧（输电网、发电设施、分布式电源等）接受电能，并通过配电设施就地或逐级分配给各类用户的电力网络。其中，35~110kV电网为高压配电网，10（6、20）kV电网为中压配电网，220V/380V电网为低压配电网。

2. "i国网"

"i国网"是国家电网有限公司官方统一线上服务入口，拥有即时通信、音视频会议和新闻资讯等核心功能，深度融合营销、运检、人资、物资、电力交易等专业以及公司各单位的移动应用，汇聚海量业务，是国家电网有限公司"一平台、一系统、微应用"的典型实践。

3. 电网资源业务中台

电网资源业务中台是整合分散在各专业的电网设备、拓扑等相关数据，建设源、网、荷、储全量设备全网拓扑多时态"一张网"，通过共性业务沉淀，形成的电网设备资源管理、资产（实物）管理、拓扑分析等多专业、多时态、多类型企业级共享服务。

4．PMS3.0

新一代设备资产精益管理系统（PMS3.0）以电网资源业务中台为核心，通过"三区四层"的全新数字化架构，全方位覆盖输、变、配、用各环节的企业级电网资源信息系统。

5．供电服务指挥系统

供电服务指挥系统基于电网资源业务中台构建，是汇集统一指挥、协调督办、过程管控、监控预警和分析评价等业务的"互联网+"新业态下的新型供电服务指挥信息系统。

第四章　系统账号

一　新增账号

　　①点击【业务处理】→【系统基本功能】→【系统支持】→【权限管理】，在页面左侧【组织机构】栏中，选中新增账号所在的班组或部门，点击右键选择【新增用户】。

　　②弹出【系统用户管理】窗口，填写相关内容，其中用户工号和用户姓名为必填，下方系统用户需勾选（默认勾选），点击【确认】，如图4-1所示。

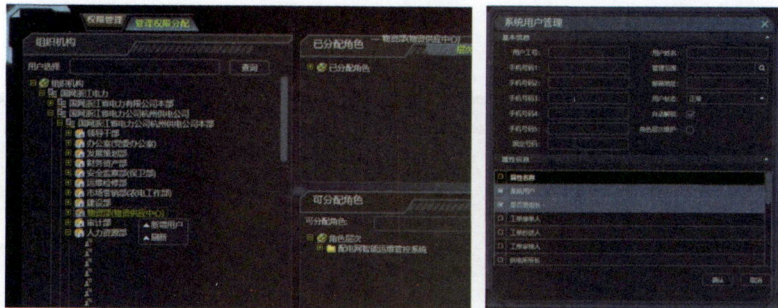

图4-1　新增用户

二　属性维护

①点击【业务处理】→【系统基本功能】→【系统支持】→【权限管理】，在页面左侧【组织机构】栏中，在用户选择框中输入用户工号或姓名，点击【查询】，可将该人员在组织机构树中定位。

②定位到人员后，在该人员上点击右键，选择属性维护，弹出【系统用户管理】窗口。其中工号属于不可修改项，无法修改。手机号如果填写多个，则对该账号发送短信时，多个手机均可收到短信；用户状态维护主要用户解锁、禁用、锁定账号。如用户密码输错10次后，账号会处于锁定状态。此时用户状态变更为正常，用户才可再次登录，若密码忘记，可通过初始化密码进行密码重置。

③密码初始化：定位到人员后，在该人员上点击右键，选择【密码初始化】，会弹出初始化密码，后在PMS3.0登录页面修改密码即可，如图4-2和图4-3所示。

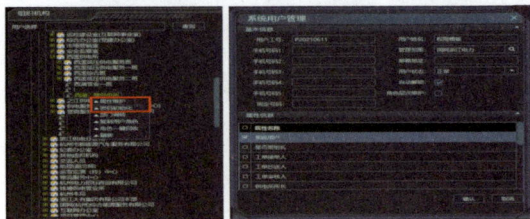

图4-2　密码初始化

图4-3　重新生成密码提示框

三　账号注销

二、三级管理员无法删除账号，可在用户属性维护中禁用、锁定该账号（详见第四章　二 属性维护）。

四　权限分配

（一）人员权限分配

对人员成功定位后，即可对人员进行权限分配。选中人员后，中间下侧会显示可分配的角色。点击【＋】号，可展开文件夹，文件夹展开后，选中需要分配的角色，点击右键，处理分配角色，然后点击【分配角色】，即可成功分配角色（选中角色后可在右下角查看该角色所具有的权限），如图4-4所示。

图4-4　人员权限分配

（二）人员权限回收

在权限管理页面右侧上方为已分配角色，可选中角色进行回收。选中需要回收的角色，点击右键，出现收回角色选项，点击【收回角色】，角色即可移除。也可选中账号，点击右键，选择【角色一键回收】，如图4-5所示。

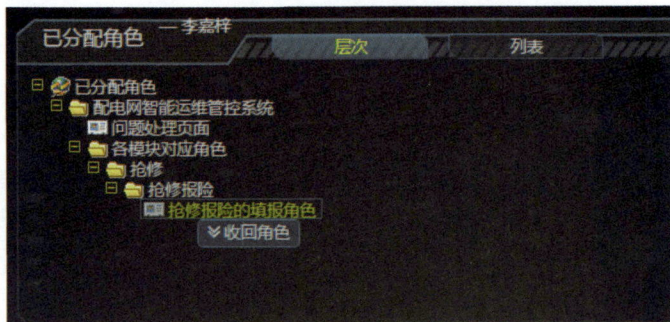

图4-5　人员权限回收

（三）参照人员赋权

两个人员账号权限一致的情况下，可以复制指定人的角色分配给另一个账号，选中一个账号，点击右键，点击【复制用户角色】。

　　注意：如被复制账号有除供电服务指挥系统以外的权限角色的，不会进行复制。复制权限不是进行更新，仅进行权限角色的添加。

　　在组织机构树上选择需要复制该权限人员所在的班组，选择班组后点击下一步，勾选需要复制权限的人员（可批量选择），点击确定完成复制，如图4-6所示。

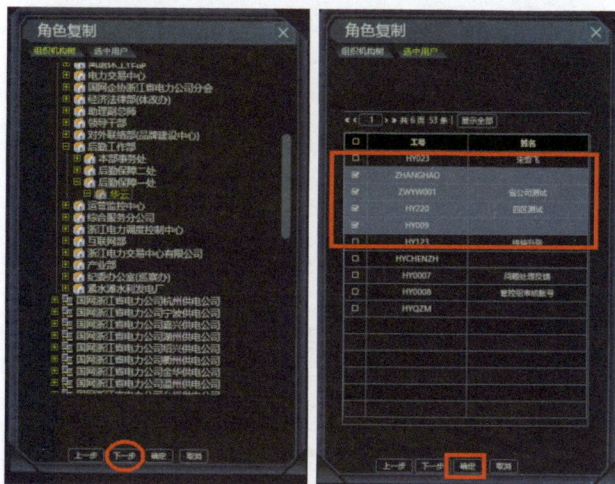

图4-6　角色复制

（四）二、三级管理员权限配置

选择工号，分配"【各模块对应角色】→【运行】→【二、三级管理员】"权限，权限分配好后，在该人员的属性维护中维护管理范围（市公司或县公司），维护好后配置完成，如图4-7所示。

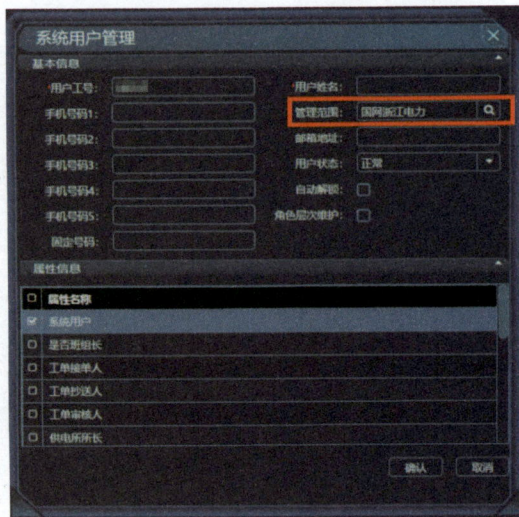

图4-7　维护管理范围

(五) 三级管理员可分配权限配置

在组织机构树中选择【三级管理员对应的县公司】，对该公司分配相应的权限，分配完成后，该县公司下的三级管理员即可分配相关权限，如图4-8所示。

图4-8 三级管理员可分配权限配置

五　部门调整

选中人员，点击右键，选择【部门调转】，弹出用户信息。在调转部门区域，单击左键，弹出【组织机构树】，选择需要调整的组织机构，点击【确定】，人员即可成功调转部门，如图4-9所示。

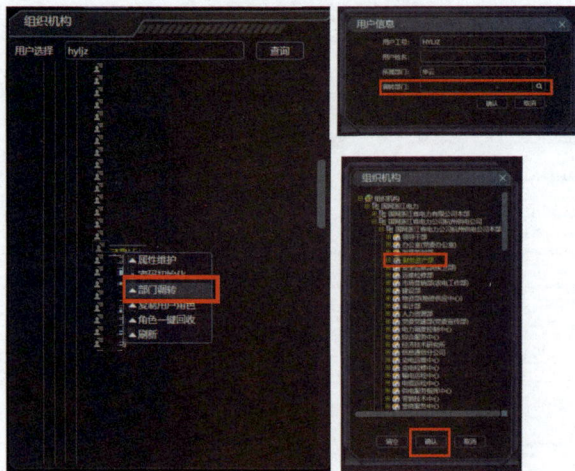

图4-9　部门调转

Part 2

业务篇

第五章　配电网线路巡视

配电网线路巡视模块主要包含巡视计划派发、巡视任务执行、巡线签到与缺陷登记、巡视工单完结4个流程，主要任务是配电线路的数字化巡视工作。

一　巡视计划派发

（一）进入巡视计划编制模块

通过登录供电服务指挥系统的【巡视计划编制】模块，新增并发布线路巡视计划，如图5-1所示。

图5-1　巡视计划发布

（二）巡视任务派发

任务列表中包含所有任务：供电服务指挥系统已发布的巡视任务。可在此页面中选择需要进行操作的派发任务，如图5-2所示。

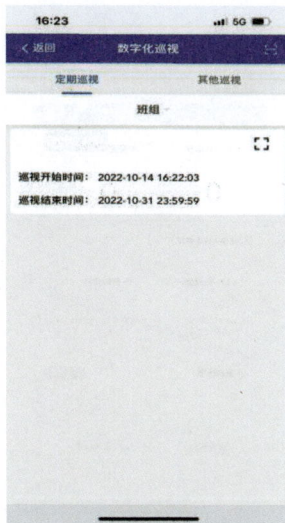

图5-2　检测任务界面

二 巡线任务执行

（一）作业指导书

选择对应的作业指导书，如图5-3所示。

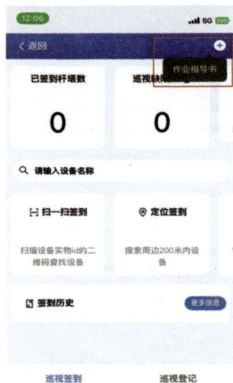

图5-3　作业指导书

（二）安全注意事项

点击【安全注意事项】，可以查看现场巡视时注意点，如图5-4所示。

（三）作业工器具

点击【作业工器具】，查看作业所需工器具，如图5-5所示。

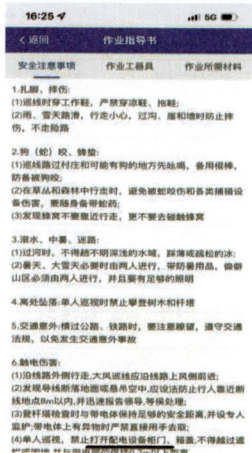

图5-4　安全注意事项

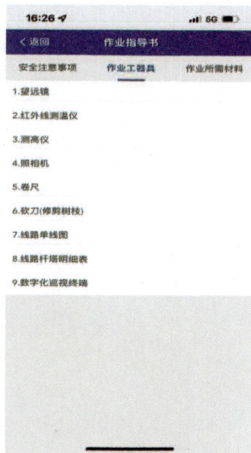

图5-5　作业工器具

（四）作业所需材料

点击【作业所需材料】，查看作业所需材料，如图5-6所示。

（五）巡视执行过程

在巡视执行过程中可以查看巡视签到杆塔、签到数、设备隐患等信息，如图5-7所示。

图5-6　作业所需材料

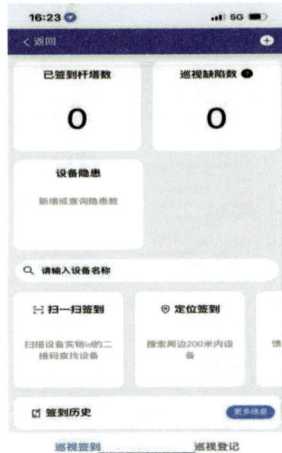

图5-7　巡视执行过程

三　巡线签到与缺陷登记

（一）巡视签到

点击【扫一扫】签到、定位签到等，可以进行巡视签到，如图5-8所示。

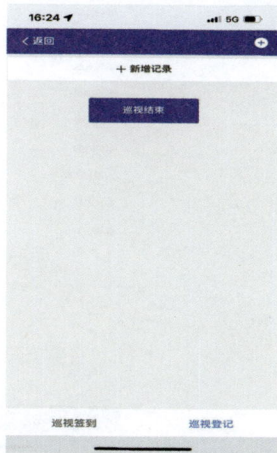

图5-8　巡视签到

（二）进入巡视登记模块

通过"i国网"的【巡视登记】模块，进行巡视登记，如图5-9所示。

可以对巡视内容进行登记，填写巡视人员、时间、内容、备注等信息，如图5-10所示。

图5-9　巡视登记

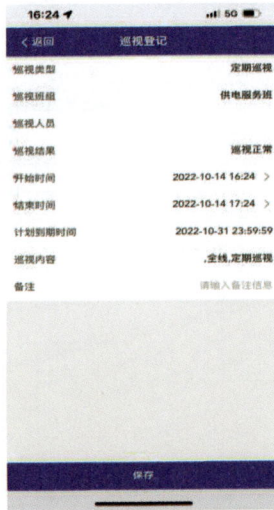

图5-10　巡视登记详情

四　巡视工单完结

通过"i国网"【巡视计划结束】模块，结束线路巡视计划，如图5-11所示。

图5-11　巡视计划结束

第六章　配电网缺陷管理

缺陷管理模块主要包含缺陷登记、班组审核、消缺安排、缺陷处理、消缺后审核五个功能模块（流程），主要功能是设备消缺并对其数据进行处理。

一　缺陷登记

缺陷登记是进入缺陷管理流程的第一步，包含缺陷的查看、新增及删除功能。

（一）进入缺陷登记

从手机端"数字配网"应用图标进入操作页面，点击【缺陷管理】图标，进入【缺陷登记】页面，即可进行相应缺陷管理操作，如图6-1所示。

缺陷登记页面显示缺陷编号、缺陷内容及缺陷发现日期，便于用户清晰预览缺陷信息，如图6-2所示。

（二）新增缺陷

点击右上角图标，进入缺陷登记详情页。上传消缺前照片，录入权限信息，点击【保存】，如图6-3所示。

进入缺陷登记详情页面，依次填写【缺陷编号】、【线路名称】、【缺陷主设备】、【设备类型】、【缺陷等级】、

【发现日期】、【发现人】、【发现来源】、【缺陷描述】、【分类依据】，如图6-4所示。

（三）删除缺陷

选中需要删除的缺陷，向右滑动点击【删除】按钮，删除缺陷，如图6-5所示。

图6-1 缺陷管理页面　　图6-2 缺陷登记页面　　图6-3 新增缺陷页面　　图6-4 新增缺陷信息　　图6-5 删除缺陷页面

二 班组审核

完成缺陷登记后，班组须对缺陷信息进行审核。

新增的缺陷信息录入完成后，点击【提交】按钮，缺陷管理流程进入班组审核流程，如图6-6所示。

①审核通过：填写审核意见，点击【发送】按钮，缺陷流程进入"消缺安排"环节。

②审核不通过：填写审核意见，点击【回退】按钮，缺陷流程回退到"缺陷登记"环节。

班组审核页面如图6-7所示。

图6-6　缺陷信息提交

图6-7　班组审核页面

（三）消缺安排

消缺安排是为运行巡视、检修、带电检测、在线监测、试验过程中发现的设备缺陷提供消缺安排的功能。

完成班组审核后，可选择需要处理的缺陷数据，如图6-8所示。

填写计划时间，预计消缺时长（小时），指定消缺人，点击【发送】按钮，发送至缺陷处理环节，如图6-9所示（**注意：计划结束时间不应大于预计消缺时间**）。

图6-8 选择缺陷

图6-9 消缺安排

（四）缺陷处理

缺陷处理是对运行巡视、检修、带电检测、在线监测、试验过程中设备缺陷消缺情况进行反馈的环节。

进入缺陷处理页面，上传消缺后照片并填写处理结果，如图6-10所示。

完成填写后点击【发送】按钮，缺陷流程进入"消缺后审核环节"，如图6-11所示。

图6-10　缺陷处理页面

图6-11　缺陷处理

五 消缺后审核

消缺后审核是对运行巡视、检修、带电检测、在线监测、试验过程中设备缺陷消缺后的情况进行审核的环节。

进入消缺后审核页面，对缺陷处理后的照片进行审核并填写审核结果。审核通过，填写审核意见，点击【归档】按钮，完成缺陷管理流程闭环；审核不通过，填写审核意见，点击【回退】按钮，缺陷退回"消缺安排"环节，如图6-12所示。

图6-12 缺陷处理

第七章　配电网红外检测

一　红外检测任务派发

（一）系统路径

功能导航→业务处理→检测管理→检测计划编制（中台）

（二）查询条件

根据计划巡视时间、线路/变电站名称、巡视班组，计划状态、巡视类型，点击【查询】按钮，查找列表数据。

（三）重置

点击【重置】按钮，恢复默认状态。

（四）导出

点击【导出】按钮，根据查询条件导出。

（五）新增

点击【新增】按钮，弹出检测计划编制页面，选择巡视分类"红外测温"。

点击【添加设备】按钮，弹出检测计划编制设备树页面，如图7-1所示。

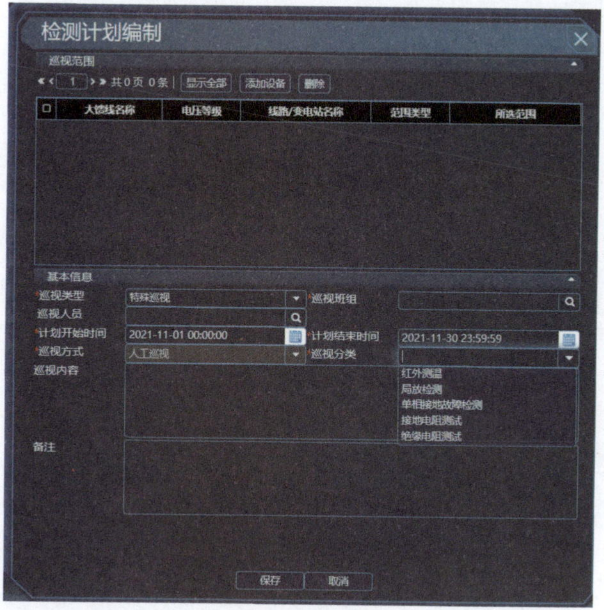

图7-1 检测计划编制

（六）计划发布

计划发布/取消发布：勾选计划状态为编制的数据，点击【计划发布】按钮。发布成功后，计划状态为已发布，如图7-2所示。

图7-2　计划分布

（七）取消发布

勾选计划状态为已发布的数据，点击【取消发布】按钮。取消成功后，计划状态变为已取消发布，如图7-3所示。

图7-3　取消分布

（八）红外作业

红外计划发布成功后，点击图7-4中标记的图标，打开"红外检测"，页面上显示已经发布的红外计划。

图7-4　红外作业

（九）检测计划派发

检测计划派发如图7-5所示。

①点击需要巡视的计划进入"待派发"环节。

②点击右上角"台账下载"进入"设备类型"页面勾选并下载台账信息。

③台账下载完毕后点击【派发】，认真阅读红外下载提醒后点击【确定】。

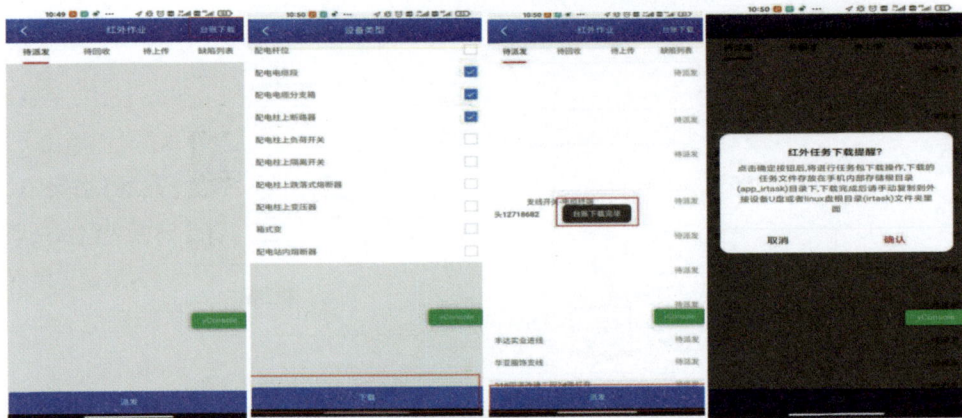

图7-5　检测计划派发

二　红外检测任务执行与回收

（一）红外检测任务执行

连接红外设备并按照红外任务下载提醒进行操作，如图7-6所示。

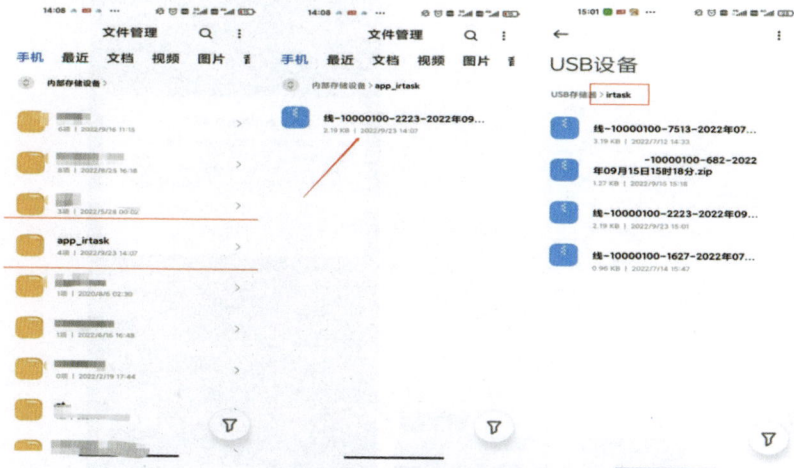

图7-6　红外检测任务执行

（二）红外检测任务回收

当红外设备测温拍照后，在待回收页面点击【回收】，照片信息回收给手机端，如图7-7所示。

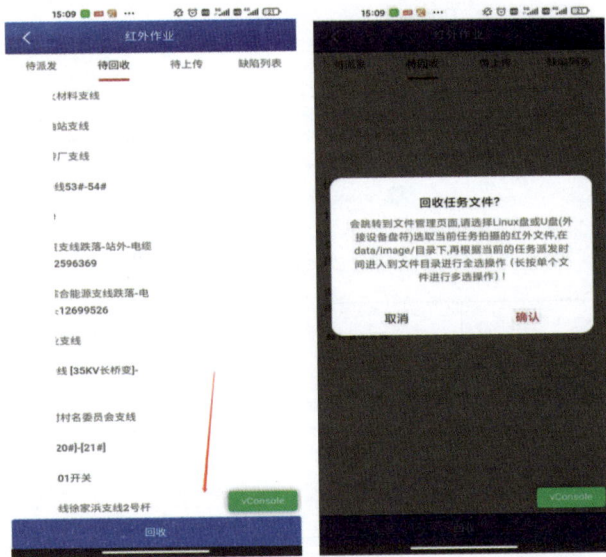

图7-7　红外检测任务回收

进入DATA/IMAGE目录找到回收数据，全选后点击选择进行回收，如图7-8所示。

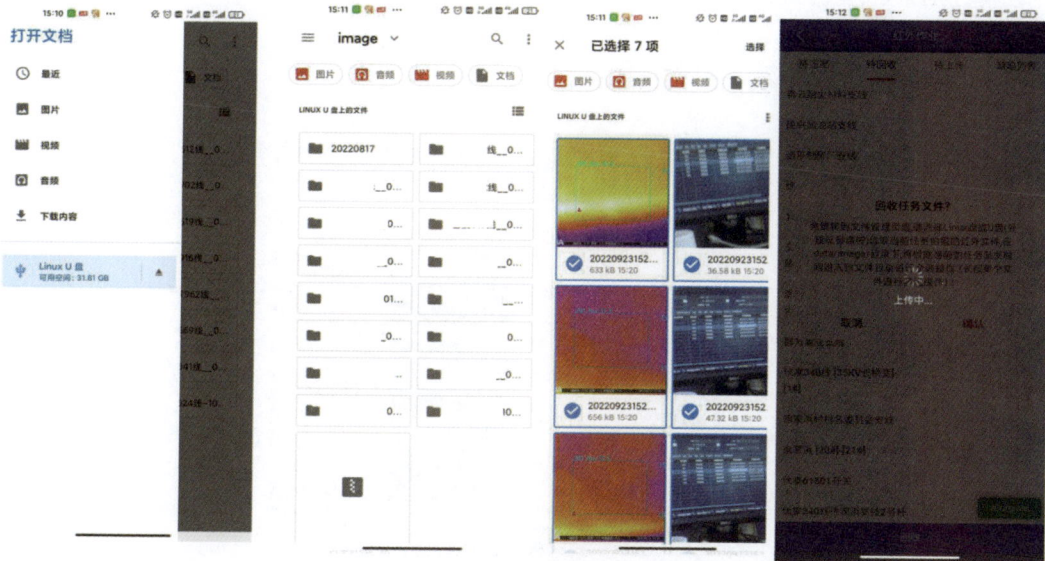

图7-8　回收数据

（三）红外检测结果查询与报告生成

回收成功后进入待上传环节，查看回收的检测结果。如果检测结果存在"缺陷"，可以到缺陷列表中查看缺陷详情。

点击【上传】，闭环红外检测任务，如图7-9所示。

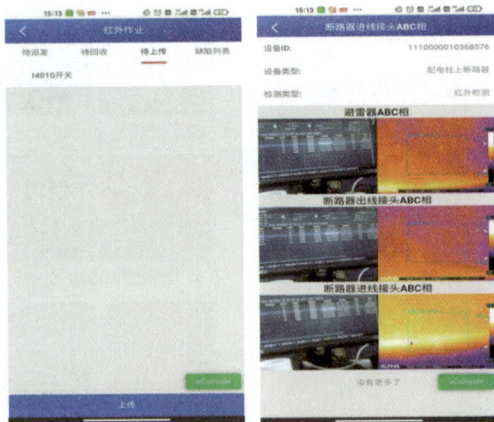

图7-9　红外检测任务上传

闭环红外检测任务，如图7-10所示。

查看回收的缺陷详情，如图7-11所示。

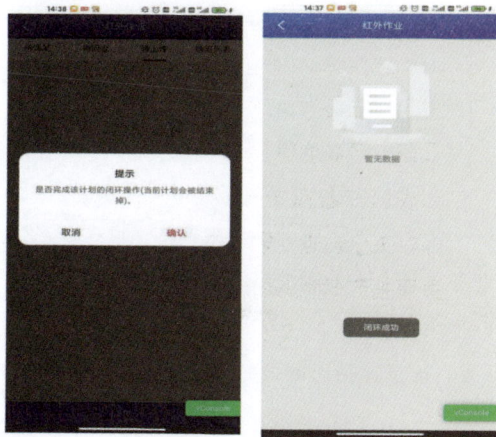

图7-10　红外检测任务闭环

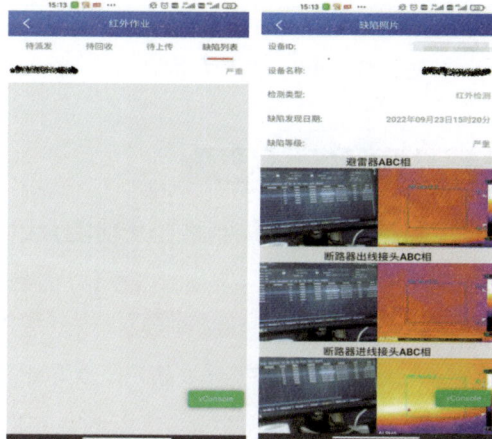

图7-11　红外检测结果查询与报告生成

第八章　配电网局部放电检测

　　局部放电带电检测（简称局放检测）是检测带电设备是否存在局部放电现象的一种重要手段。当电力设备内出现绝缘缺陷时，会有局部放电信号伴随产生，通过检测和分析局放信号，能判断其内部是否存在绝缘隐患，可有效防止潜在事故的进一步扩大。

一　局放检测任务派发

（一）局放检测计划编制路径及功能介绍

　　进入供电服务指挥系统主界面，点击【功能菜单】→【业务处理】→【运维检修】→【检测管理】→【检测计划编制-中台】，进入"检测计划编制-中台"模块，如图8-1所示。

　　检测计划编制-中台主要展示在用户账号下建立的检测任务，信息包括大馈线名称、线路/电站名称、电压等级、检测类型等，如图8-2所示。

　　①点击【市局】下拉框，下拉列表中列出当前登录用户下的所有市局。

　　②点击【县局】下拉框，下拉列表中列出当前选择市局下的所有县局。

　　③点击【分局】下拉框，下拉列表中列出当前选择县局下的所有分局。

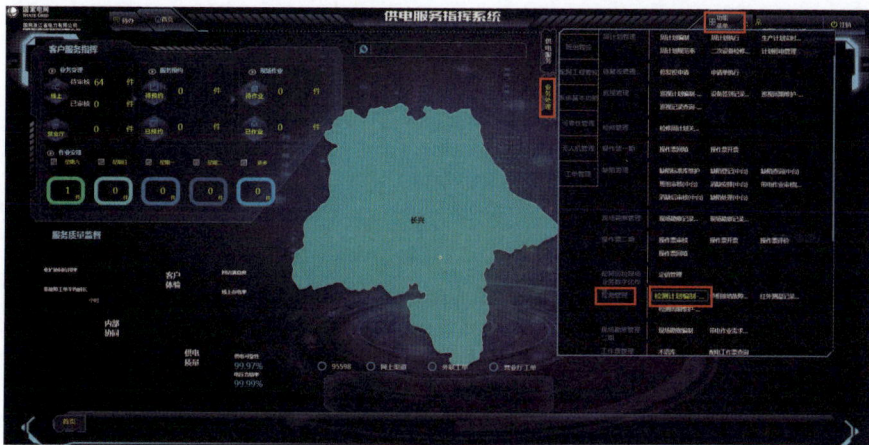

图8-1　检测计划编制-中台路径

图8-2　检测计划编制-中台

④点击【供电所】下拉框，下拉列表中列出当前选择分局下的所有供电所。

⑤点击【计划检测时间】输入框，采用时间控件，由用户选取时间范围进行条件查询。

⑥点击【线路/电站名称】输入框，可以输入要查询的线路/电站名称，也可以进行模糊查询。

⑦点击【检测班组】下拉框，下拉列表中列出当前选择供电所下的所有班组。

⑧点击【计划状态】下拉框，下拉列表包括全部、编制、已发布、已取消发布、执行中、已执行、逾期未完成七种状态，默认显示"全部"一项。

⑨点击【检测类型】下拉框，下拉列表包括全部、特殊巡视、夜间巡视、故障巡视、监察巡视、定期巡视、保供电巡视七种类型，选择"特殊巡视"一项。

⑩【检测方式】默认"人工巡视"。

⑪点击【检测分类】下拉框，下拉列表包括全部、红外测温、局放检测、接地电阻测试、绝缘电阻测试五种类型，选择"局放检测"一项。

⑫点击【是否推送PMS】下拉框，下拉列表包括全部、是、否三种选项，默认显示"全部"一项，如图8-3所示。

⑬点击【显示全部】按钮，显示栏中显示所选条件下的全部数据。

⑭点击【由差异化运维生成】按钮，界面跳转到"由差异化运维生成"，可在此查询逾期及预警状态的巡视任务。

⑮点击【新增】按钮，界面跳转到"检测计划编制"，保存新增任务后，该检测计划同步至主表，如图8-3所示。

图8-3　功能介绍

在主表最左侧勾选具体任务：

①点击【修改】按钮，界面跳转到"检测计划编制"，用户可在此界面进行计划内容修改。

②点击【删除】按钮，界面跳转到"提示信息"，点击【确定】按钮，则删除任务；点击【取消】按钮，则取消删除。

③点击【查看】按钮，界面跳转到"检测计划编制"，用户仅可在此界面查看，不可修改"检测范围"及"基本信息"。

④点击【计划发布】按钮，该条任务发布至关联终端手机。

⑤点击【取消发布】按钮，该条任务取消发布，注意只有已发布状态的任务才可进行此操作。

⑥点击【查看检测详情】，界面跳转到检测详情页面，可在此查询检测结果，如图8-3所示。

（二）局放检测任务编制

①点击【新增】按钮，如图8-4所示。

图8-4　新增编制

②点击【添加设备】按钮，如图8-5所示。

③根据设备树显示勾选具体线路下的待检测设备（包括环网柜、配电站、开关站等），如图8-6所示。

④点击【确定】按钮。

⑤填写基本信息，如图8-7所示。

【检测类型】默认为"特殊巡视"，【检测人员】默认无，【检测方式】默认"人工巡视"。

点击【检测班组】下拉框，选择检测班组。

点击【计划开始时间】输入框，采用时间控件，由用户选取计划开始时间。

点击【计划结束时间】输入框，采用时间控件，由用户选取计划结束时间。

图8-5 添加设备

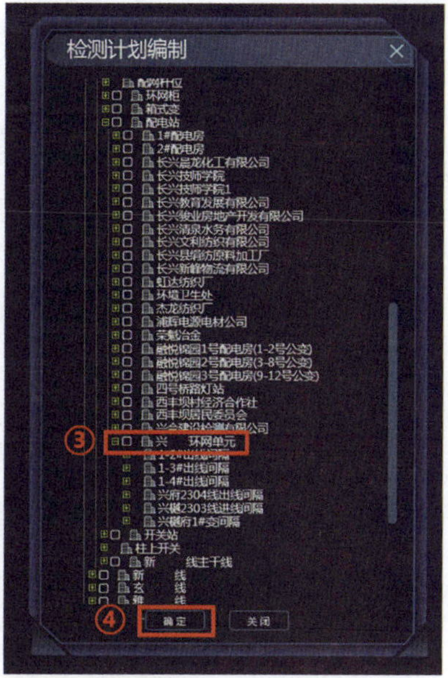

图8-6 选择检测范围

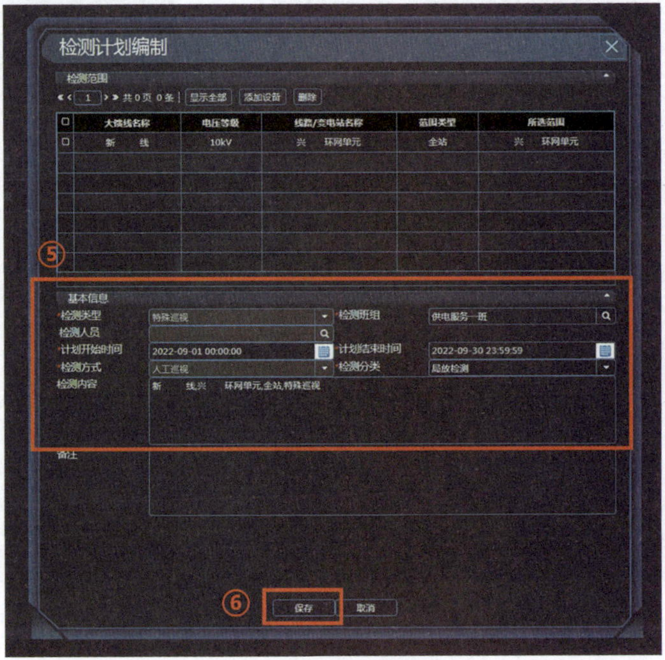
检测计划编制
检测范围
共0页 0条
显示全部
添加设备
删除
大馈线名称
电压等级
线路/变电站名称
范围类型
所选范围
10kV
全站
⑤
基本信息
检测类型
特殊巡视
检测班组
供电服务一班
检测人员
计划开始时间
2022-09-01 00:00:00
计划结束时间
2022-09-30 23:59:59
检测方式
人工巡视
检测分类
局放检测
检测内容
备注
⑥
保存
取消

图8-7 基本信息填写

点击【检测分类】下拉框，选择"局放检测"一项。

【检测内容】输入框内的内容在添加设备后系统自动填充，也可由用户补充填写。

【备注】默认无。

⑥点击【保存】按钮。

（三）局放检测任务发布

在主表最左侧勾选新增的检测任务，点击【计划发布】按钮，该条任务发布至关联手机智能终端设备，计划状态由"编制"变更为"已发布"，如图8-8所示。

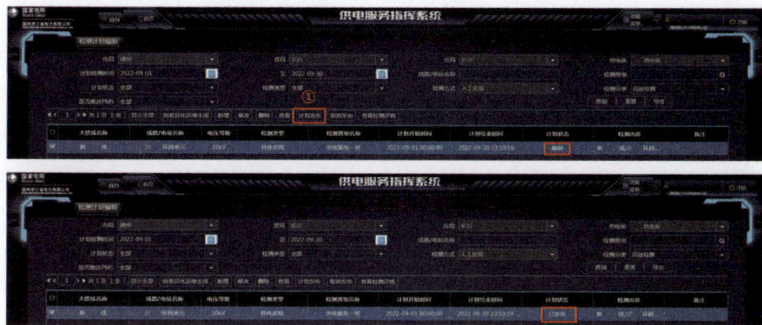

图8-8　局放检测任务计划发布

二　局放检测任务执行与回收

（一）智能终端局放检测台账下发

用数据线连接手机智能终端与局放检测仪主机，以下步骤请在手机智能终端上操作。

①点击【首页】→【运维作业】→【局放检测】，如图8-9所示。

②选择待检测任务，下载设备台账，如图8-10所示。

③完成准备工作确认、人员要求确认、工器具确认、作业现场拍照、环境要求确认、安全措施确认，如图8-11~图8-16所示。

④点击【台账】→【获取外设】，选择"PD U盘"后，点击【台账排序下发】，如图8-17~图8-19所示。

⑤在"序列排序操作"页面，点击【台账下载】，如图8-20所示。

⑥在设备选择列表中按现场检测顺序选择待测间隔，台账同步至下方设备排序列表，完成后点击【台账排序下发】，如图8-21所示。

⑦台账下发成功，点击【确定】，如图8-22所示。

图8-9　局放检测图

图8-10　台账下载

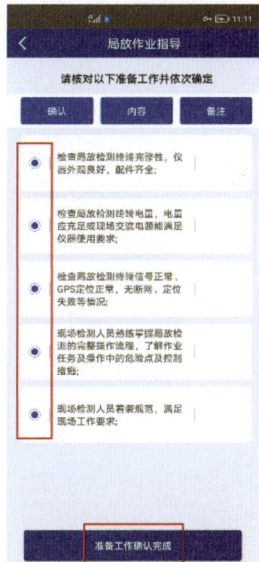

图8-11　准备工作确认

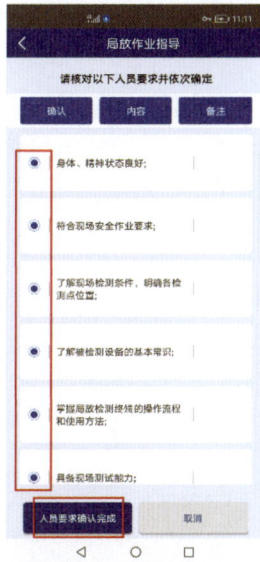

图8-12　人员要求确认

图8-13　工器具确认

图8-14　作业现场拍照

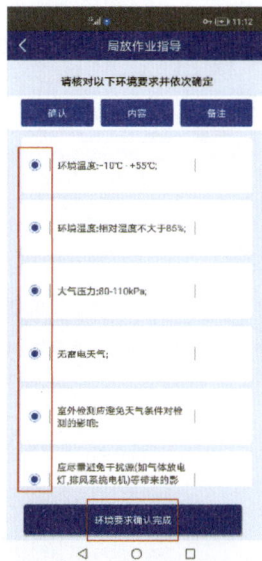

图8-15　环境要求确认

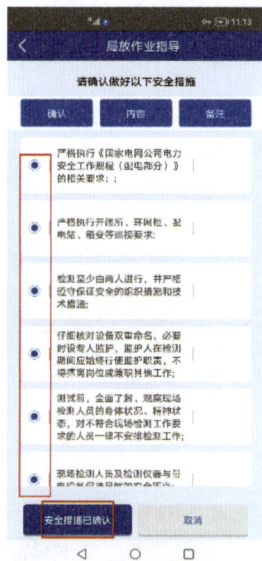

图8-16　安全措施确认

图8-17 获取外设

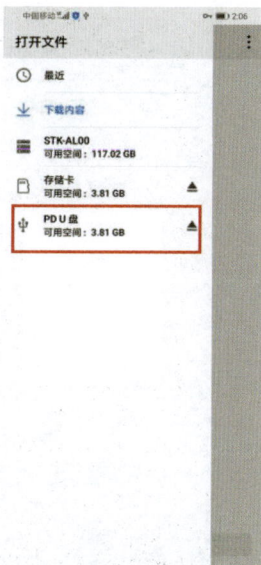

图8-18 选取连接设备

图8-19 台账排序下发

图8-20 台账下载

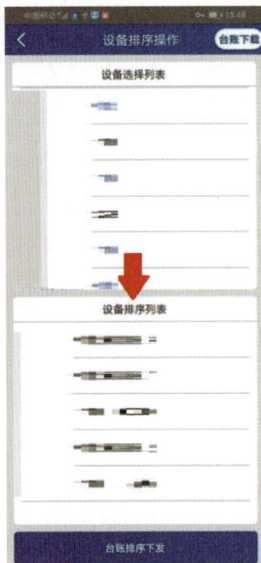

图8-21　检测设备排序

图8-22　台账下发成功

（二）局放检测仪任务执行

断开智能终端与局放检测仪主机，以下步骤请在局放检测仪主机上操作：

①点击【接入终端】→【新建任务】，如图8-23、图8-24所示。

②选择导入的检测计划，点击【新建任务】，如图8-25所示。

③选择新建的检测任务，点击【打开】，如图8-26所示。

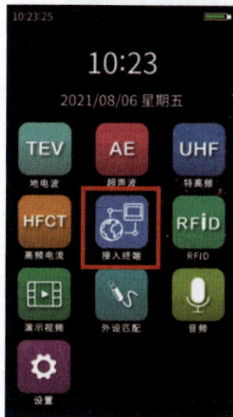

图8-23 接入终端

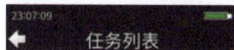

图8-24 导入任务

图8-25 新建任务

图8-26 打开任务

④操作人员持局放检测仪依次完成AE（超声波）、TEV（暂态地电压）、UHF（特高频）背景检测，并保存检测数据，如图8-27所示。

⑤操作人员根据台账顺序，依次对待测间隔进行AE、TEV、UHF检测，并保存检测数据，如图8-28所示。

⑥检测完成后退出检测页面，系统自动保存任务信息，如图8-29所示。

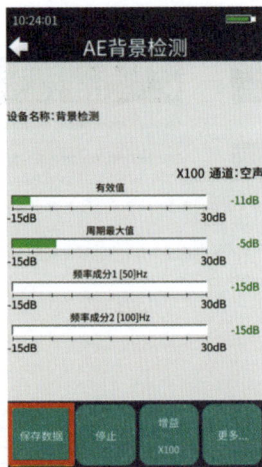

图8-27 背景测试

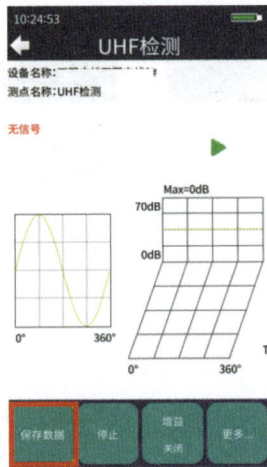

图8-28 设备检测

图8-29 保存任务信息

（三）局放检测结果回收与上传

用数据线连接手机智能终端与局放检测仪主机，以下步骤请在手机智能终端上操作。

①点击【首页】→【运维作业】→【局放检测】，选择待回收任务，如图8-30、图8-31所示。

②点击【回收】→【获取外设】，选择"PD U盘"。如图8-32、图8-33所示。

图8-30　局放检测　　　　图8-31　选择任务　　　　图8-32　获取外设　　　　图8-33　选择连接设备

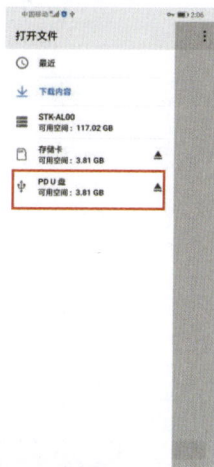

③点击【回收】，如图8-34所示。

④点击【文件上传】，上传测点数据，结束巡视计划，点击【确定】。检测结果同步至供电服务指挥系统，计划状态由"已发布"变更为"已执行"，如图8-35、图8-36所示。

图8-34　回收数据

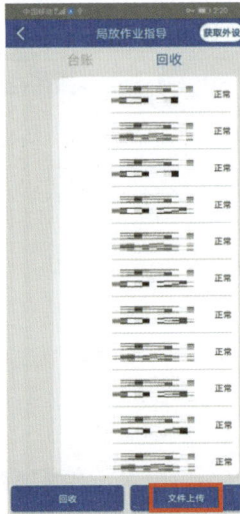

图8-35　文件上传

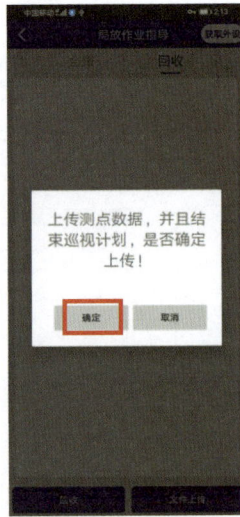

图8-36　结束巡视计划

三　局放检测结果查询与报告生成

（一）局放检测结果查询

进入供电服务指挥系统主界面，点击【功能菜单】→【业务处理】→【运维检修】→【检测管理】→【检测计划编制-中台】。

①在主表最左侧勾选需要查询任务数据，点击【查看巡视详情】，如图8-37所示。

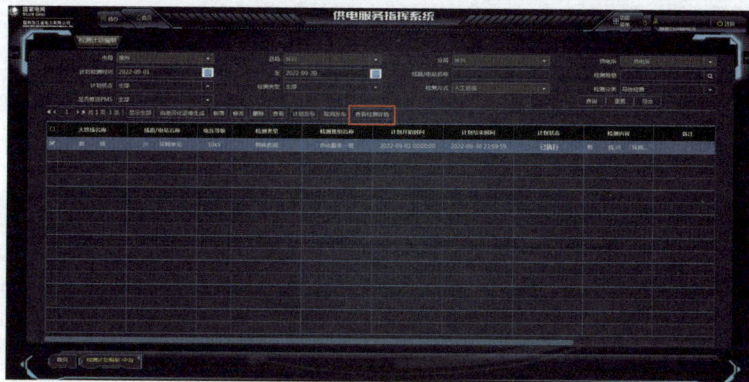

图8-37　查看巡视详情

②点击【局放检测】，在"设备查询"下选择需要查看的测点，点击【查看】，如图8-38所示。

③在"测点"页面，选择需要查看的数据详情，点击【详情】，可查看测点测试结果，如图8-39、图8-40所示。

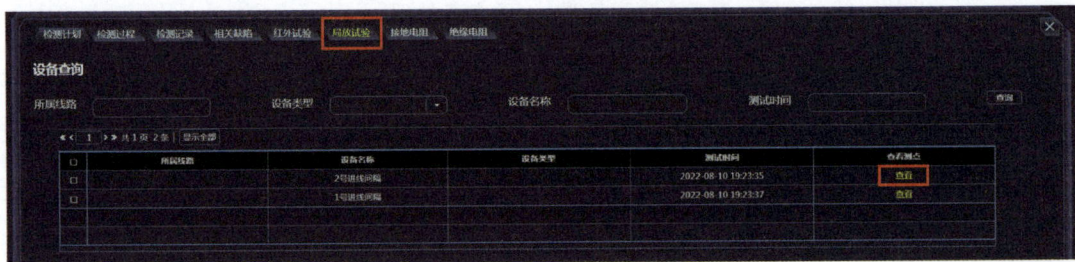

图8-38 查看测点

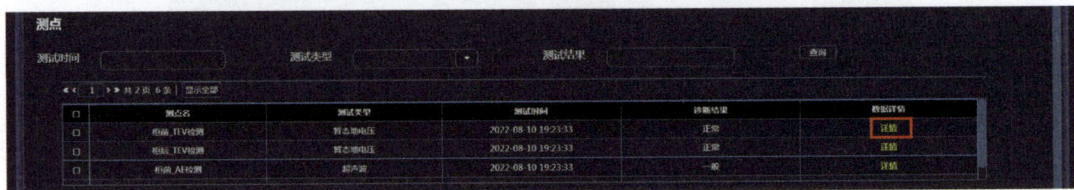

图8-39 查看详情

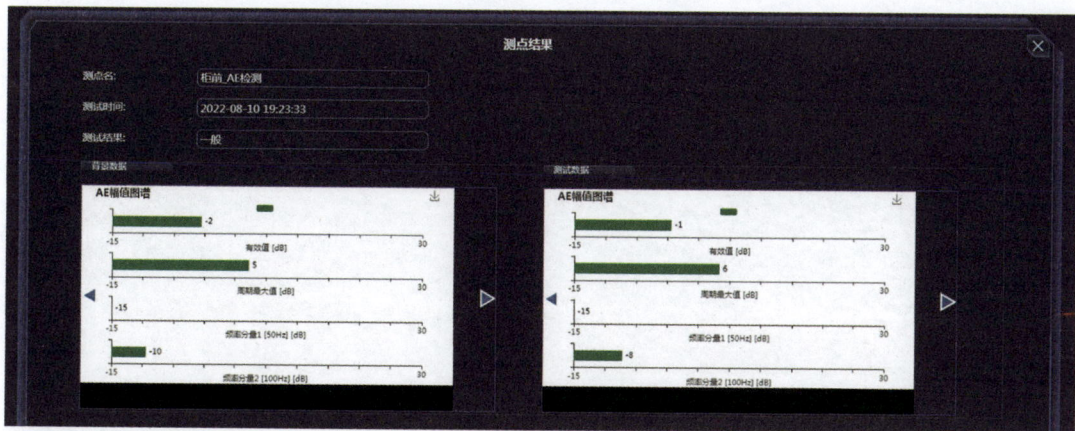

图8-40　测试结果详情

（二）局放检测结果报告下载

进入供电服务指挥系统主界面，点击【功能菜单】→【供电服务】→【配电网运营管控】→【配电网运营管理分析】。

①点击【配电网智能化巡视看板】，在"总体完成情况"模块下点击【巡视执行数】，选择对应供电所下的"计划数"柱状图，查看巡视计划清单，如图8-41所示。

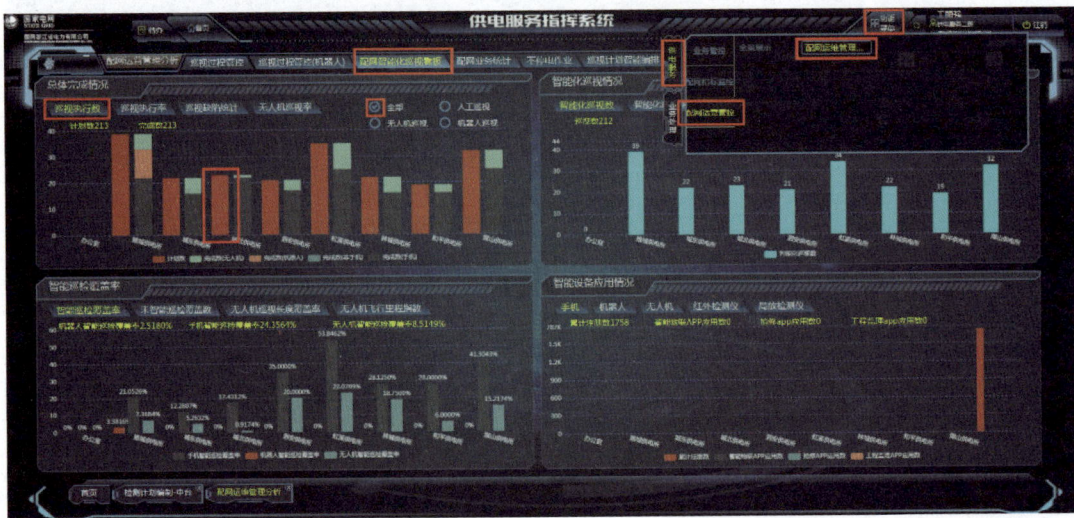

图8-41　查看巡视计划清单

②在"巡视计划清单"中查询需查看的检测计划，右拉滚动条，点击【查看巡视报告】，如图8-42所示。

图8-42　查看巡视报告

③点击页面下方跳出的【局放检测报告_.xls】，可查看报告详情，如图8-43、图8-44所示。

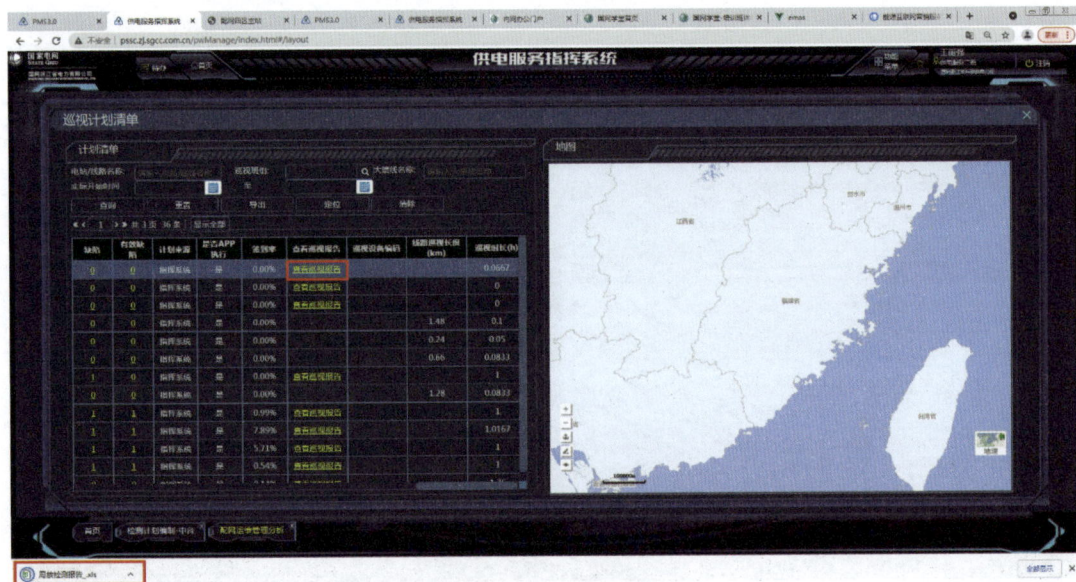

图8-43 查看巡视报告详情

WPS 表格　　局放检测报告_.xls

三 文件 ∨ 　开始　插入　页面布局　公式　数据　审阅　视图　安全　开发工具　云服务　国网专属WPS线上服务通道

X28

局放检测报告

一、基本信息								
开关站名		环网单元		试验人员		章	试验日期	2022/10/10 9:19
温度		23		相对湿度		75	报告日期	2022/10/10 11:23
TEV背景（dB）		0.0		AE背景（dB）		-2.0	UHF背景（dB）	0

二、设备铭牌						
设备型号			生产厂家		额定电压(kV)	
投运日期			出厂日期		出厂编号	

三、检测数据

设备名称	柜前	幅值	诊断结果	柜后	幅值（dB）	诊断结果	备注
2号进线间隔	TEV	1.0	正常	TEV	1.0	正常	
	AE	-1.0	一般	AE	-1.0	一般	
	UHF	0.0	正常	UHF	0.0	正常	
1号进线间隔	TEV	1.0	正常	TEV	1.0	正常	
	AE	-1.0	一般	AE	-1.0	一般	
	UHF	0.0	正常	UHF	0.0	正常	
仪器型号	PDS-T95						
结论	2号进线间隔、1号进线间隔存在局放异常！						
备注							

图8-44　局放检测报告

第九章　绝缘电阻检测

绝缘电阻检测模块主要包含检测任务派发、检测任务执行与回收，以及检测结果查询与报告生成三个功能模块。其主要功能是对绝缘电阻故障进行定位及消缺处理，并向通过"i国网"App报修的客户实时展示故障抢修全过程。

一　绝缘电阻检测任务派发

（一）进入绝缘电阻模块

通过登录供电服务指挥系统的【检测计划编制】模块，新增并发布绝缘电阻检测计划，如图9-1所示。

（二）检测任务派发

任务列表中包含所有任务：供服已发布（待执行）、执行中、已执行（已完成），可在此页面中选择需要进行操作的派发任务，如图9-2所示。

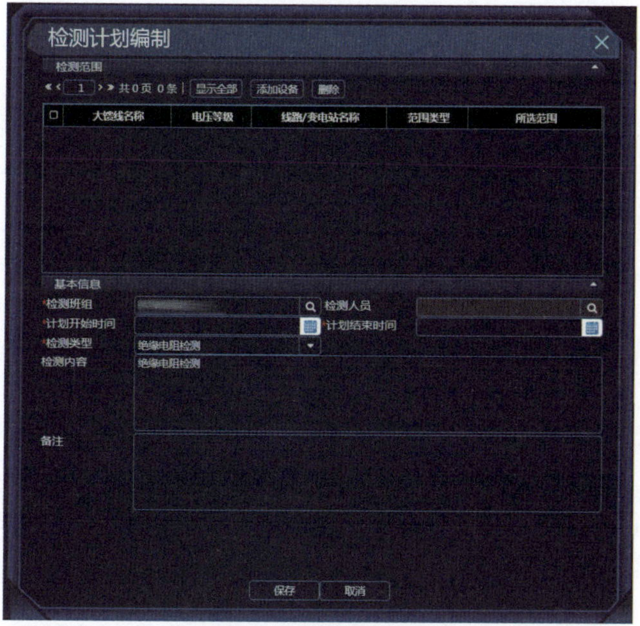

图9-1　绝缘电阻计划发布

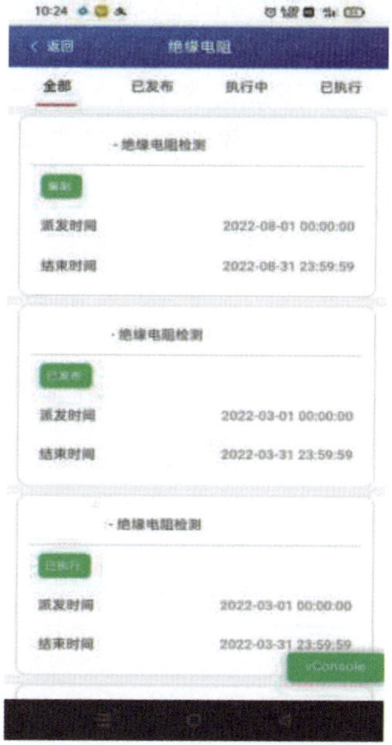

图9-2　检测任务界面

二　绝缘电阻检测任务执行与回收

（一）添加设备

①在"已发布"中点击已发布的计划进入【绝缘电阻详情】。【绝缘电阻详情】页面显示任务的基本信息，如图9-3所示。

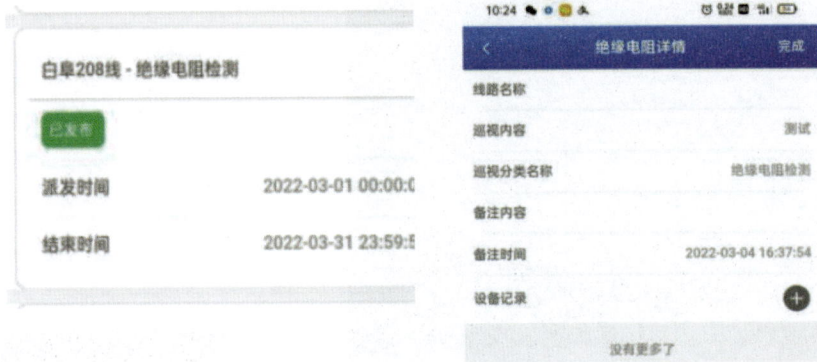

图9-3　绝缘电阻详情页面

②点击设备记录标记的加号后，可以选择对应的设备类型，如图9-4所示。

③选择对应的设备类型，添加需要检测的设备，即会显示对应的设备名称，如图9-5所示。

图9-4　选择设备类型

图9-5　添加检测设备

（二）作业准备

①添加设备成功后，返回到【绝缘电阻详情】界面，点击设备名称进入到【作业准备】界面，如图9-6所示。

②准备工作确认无误打√后点击【下一步】进入到【作业风险控制】界面。

③【作业风险控制】页面确认无误打√，点击【下一步】，如图9-7所示。

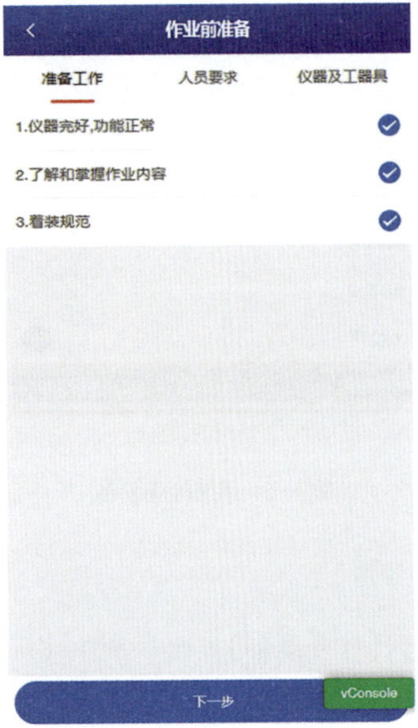

图9-6　作业前准备

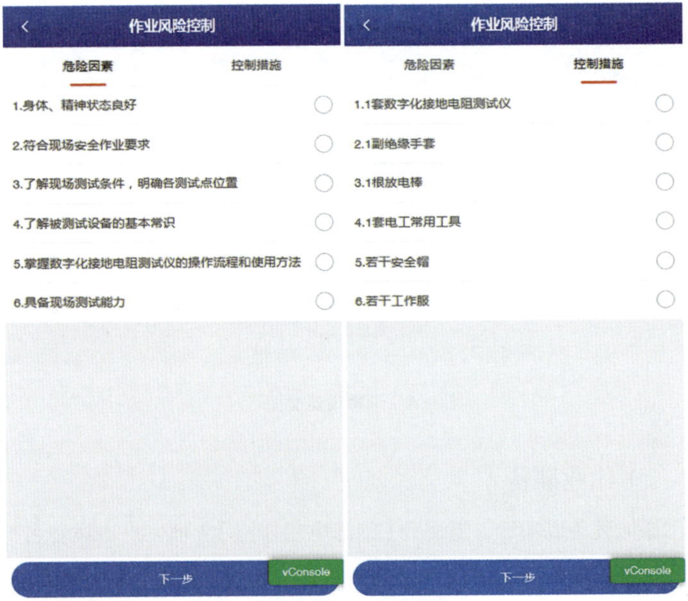

图9-7　作业风险控制

④风险变更及其他情况在作业风险控制详情页面填写，填写完成后点击【下一步】，如图9-8所示。

图9-8 作业风险控制详情

（三）任务执行与回收

①作业风险控制勾选完成后，点击【下一步】，进入数据回收列表；点击页面右上角的【回收】按钮，根据回收任务文件提示进操作，如图9-9所示。

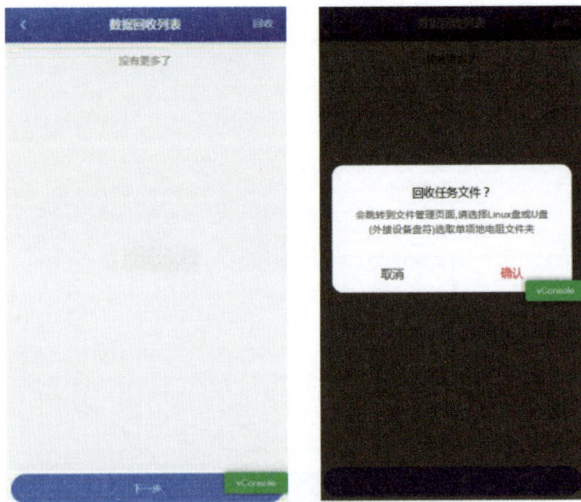

图9-9　任务回收

②回收成功后点击【下一步】，备检测成功后，设备计划状态变成"执行中"，如图9-10所示。

③所有设备检测完成后，点击页面右上角的【完成】按钮，结束当前检测计划，状态变成"已执行"，如图9-11所示。

图9-10　任务执行

图9-11　任务已执行

三　绝缘电阻检测结果查询与报告生成

（一）检测结果查询

所有设备检测完成后，可登录供电服务指挥系统的【检测计划编制】→【绝缘电阻】模块，进行检测结果查询，如图9-12所示。

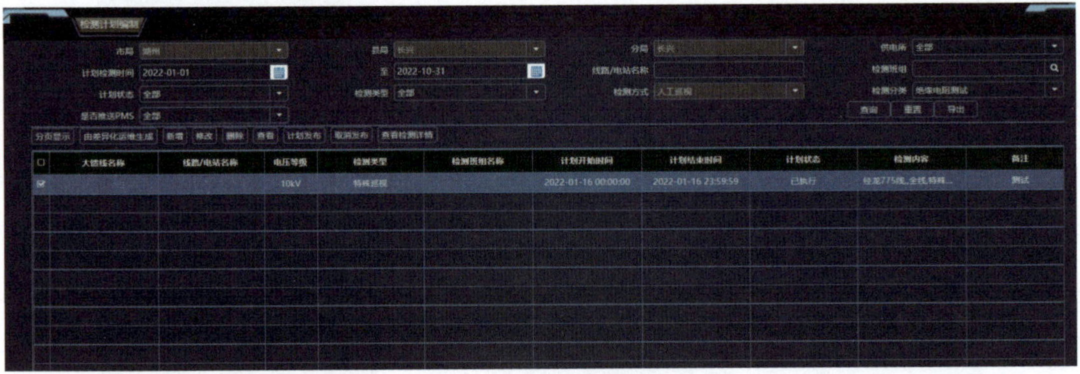

图9-12　检测结果查询

（二）报告生成

通过供电服务指挥系统"配电网运营管理分析"模块下载绝缘电阻测试报告，如图9-13所示。

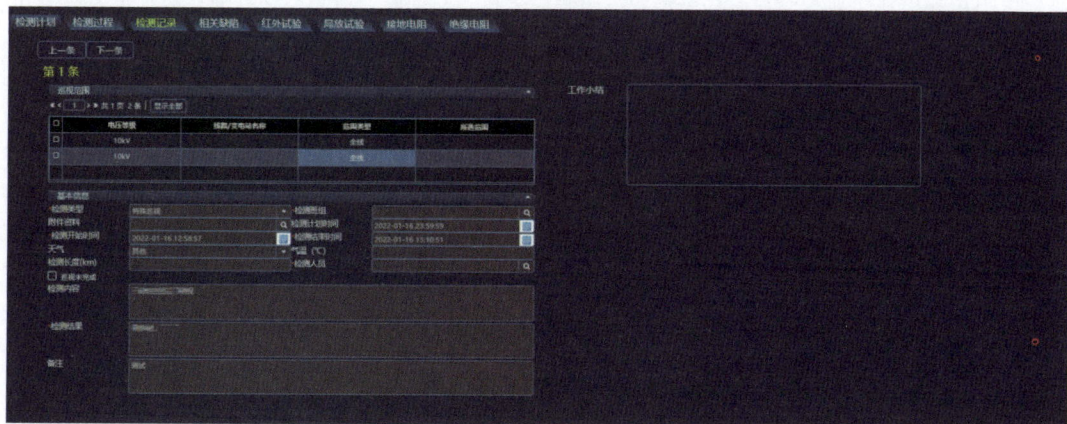

图9-13　报告生成

第十章　接地电阻检测

接地电阻检测模块主要包含检测任务派发、检测任务执行与回收、检测结果查询与报告生成三个功能模块，其主要功能是对接地电阻故障进行定位及消缺处理，并向通过"i国网"App报修的客户实时展示故障抢修全过程。

一　接地电阻检测任务派发

（一）进入接地电阻模块

通过登录供电服务指挥系统的【检测计划编制】模块，新增并发布接地电阻检测计划，如图10-1所示。

（二）检测任务派发

任务列表中包含所有任务：供服已发布（待执行）、执行中、已执行（已完成）。可在此页面中选择需要进行操作的派发任务，如图10-2所示。

图10-1　接地电阻计划发布

图10-2　检测任务界面

二　接地电阻检测任务执行与回收

（一）添加设备

①在"已发布"中点击已发布的计划进入到【接地电阻详情】。【接地电阻详情】页面显示任务的基本信息，如图10-3所示。

图10-3　接地电阻详情页面

②点击设备记录标记的加号后，可以选择对应的设备类型，如图10-4所示。

③选择对应的设备类型，添加需要检测的设备，即会显示对应的设备名称，如图10-5所示。

（二）作业准备

①添加设备成功后，返回到【接地电阻详情】界面，点击设备名称进入到【作业准备】界面。

②准备工作确认无误打√后，点击下一步进入到【作业风险控制】界面，如图10-6所示。

图10-4 选择设备类型

图10-5 添加检测设备

③【作业风险控制】页面确认无误打√，点击【下一步】，如图10-7所示。

④风险变更及其他情况在作业风险控制详情页面填写，填写完成后点击【下一步】，如图10-8所示。

图10-6　作业前准备

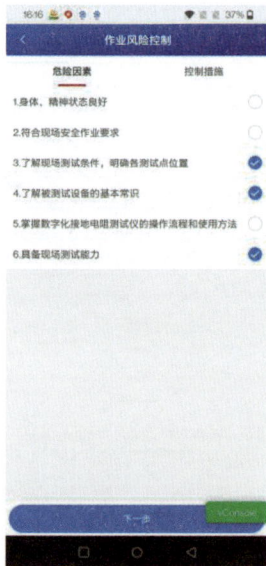

图10-7　作业风险控制（一）

图10-8　作业风险控制（二）

（三）任务执行与回收

①作业风险控制勾选完成后，执行检测任务，如图10-9所示；点击【下一步】进入数据回收列表；点击页面右上角的【回收】按钮，根据回收任务文件提示进操作所示。

②回收成功后点击【下一步】，设备检测成功后，设备计划状态变成"执行中"，如图10-10所示。

③所有设备检测完成后，点击右上角【完成】按钮，结束当前检测计划，状态变成"已执行"，如图10-11所示。

图10-9　任务下派执行　　　　图10-10　任务回收　　　　图10-11　任务已执行

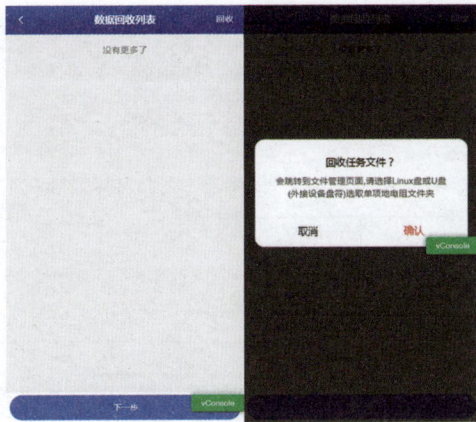

三 接地电阻检测结果查询与报告生成

（一）检测结果查询

①所有设备检测完成后，可登录供电服务指挥系统的【检测计划编制】→【接地电阻】模块，进行检测结果查询，如图10-12所示。

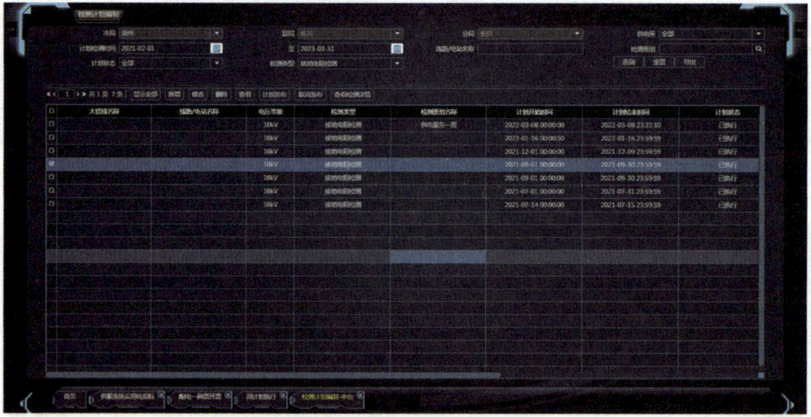

图10-12 检测结果查询

②选中检测计划，点击【查看检测详情】，如图10-13所示。

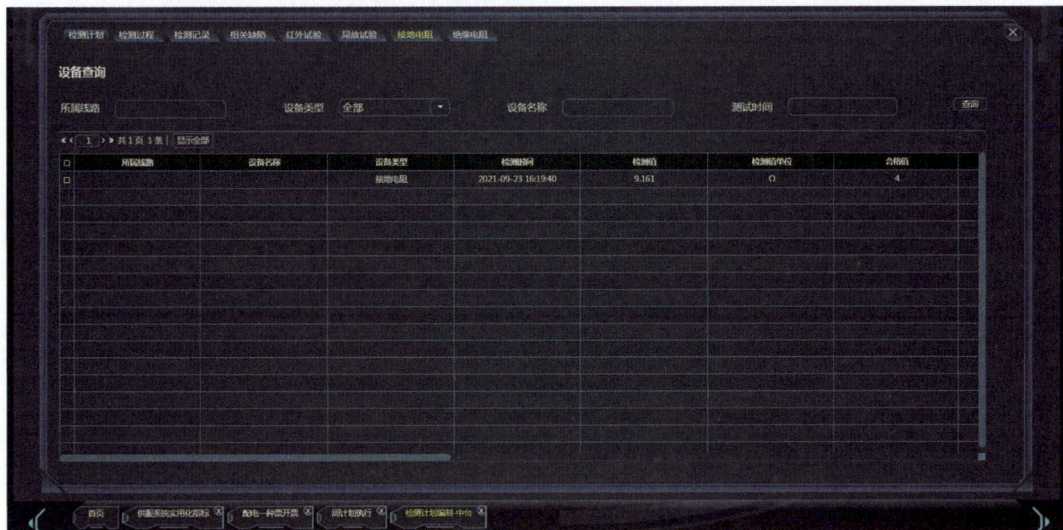

图10-13　接地电阻检测值

（二）报告生成

通过供电服务指挥系统"配电网运营管理分析"模块下载接地电阻测试报告，如图10-14所示。

接地电阻测试报告

		报告日期	2022-03-08 15:41:13
基本信息			
线路/站房名称		测试负责人	
测试班组		测试人员	
计划开始时间	2022-03-08 00:00:00	计划结束时间	2022-03-08 23:22:10
实际开始时间	2022-03-08 15:39:36	实际结束时间	2022-03-08 15:41:13
测试点位信息	总数：1 接地电阻：1	测试结果	3#合格
环境	天气：晴 温度：15 湿度：50		

测试结果

序号	所属线路	设备名称	设备类型	测试方法	接地电阻历史值	接地电阻测试值	接地电阻合格值	是否合格
1			接地电阻	4线法	3Ω	3Ω	4Ω	合格

图10-14　报告生成

第十一章　继保整定管理

继保整定管理主要是实现配电网继电保护设备从编制、校核、审批、批准、执行、归档的全流程管控。

一　收资单编制与审核

（一）概述

收资单是收集配电网继电保护设备基础参数信息，包含上级厂站、所属站所、设备名称、TA变比、TV变比、装置型号、分支线级别等内容。

（二）收资单编制

点击主菜单【业务处理】中的【配电网运维检修管理】，选择"定值管理"，打开定值管理页面，如图11-1所示。

点击列表【新增】按钮，打开新建收资单页面，如图11-2、图11-3所示。

点击【设备名称】放大镜按钮进行设备选择，即可自动带出该设备相关信息与一次接线图，一次接线图可以删除或手动上传。

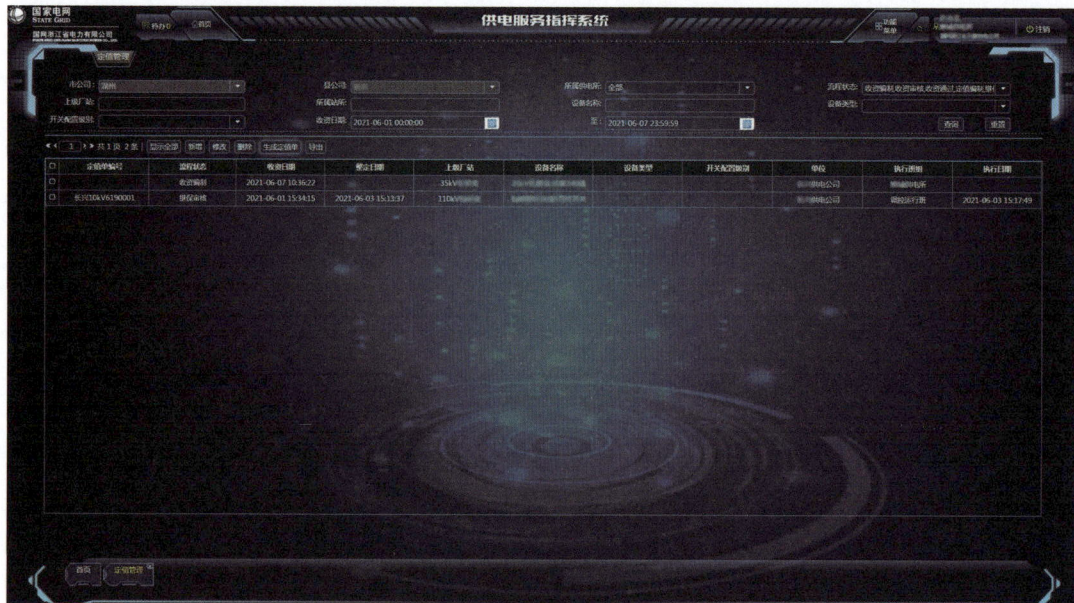

图11-1　供电服务指挥系统定值管理页面

图11-2　收资单的新建

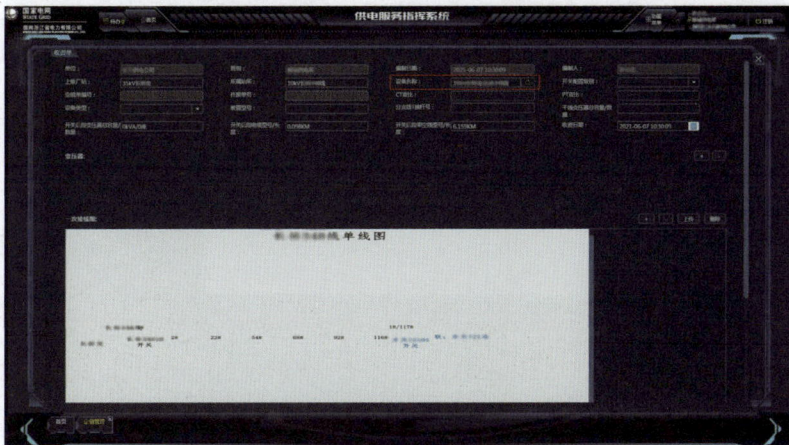

图11-3　收资单页面

单位、编制班组、编制日期、编制人根据人员组织机构自动生成。定值单编号置成灰色，还未生成，生成定值单后生成定值单编号。变压器栏可手动进行新增与删除，变压器后面的数量可进行自动排序。

点击【保存】生成收资单，如图11-4所示。

点击【上报】上报到收资审核环节。

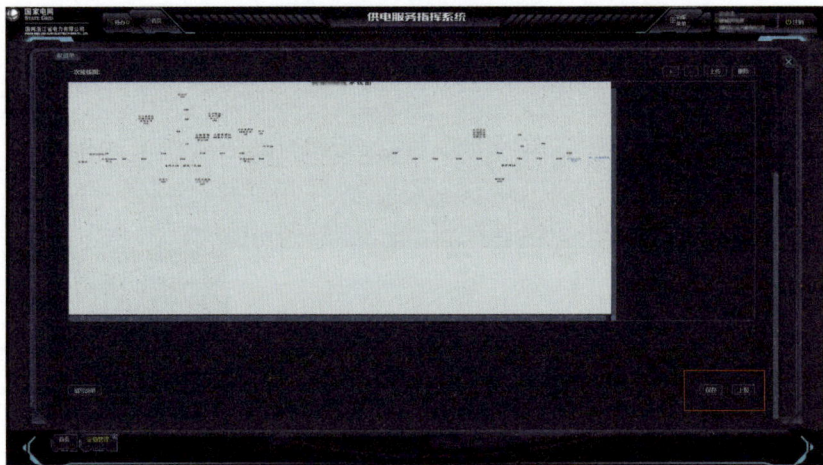

图11-4　收资单页面

（三）收资单修改、导出、删除

在收资编制列表中勾选所要修改数据的复选框并且点击【修改】按钮，进入到修改数据页面。点击【保存】按钮修改对应的数据。

在收资编制列表中勾选所要数据的复选框并且点击【导出】按钮，根据查询条件筛选后点击列表的导出数据。

在收资编制列表中勾选所要删除的数据并且点击【删除】按钮，点击【确定】按钮删除数据，点击【取消】按钮取消操作，如图11-5所示。

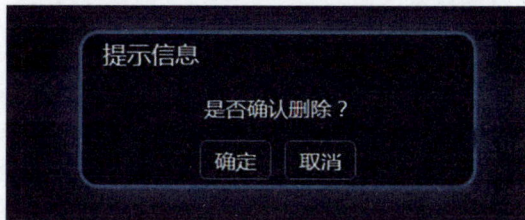

图11-5 收资单删除

（四）收资单审核

定值单流程状态选择【收资审核】，点击【查询】获取待审核数据，如图11-6所示。

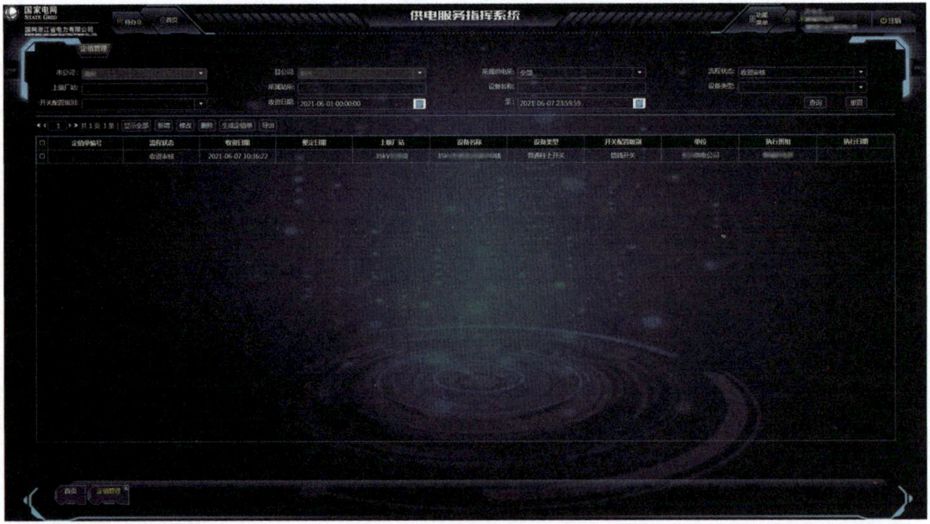

图11-6　收资单审核页面

在收资审核列表中双击数据或勾选所要修改的数据并且点击【修改】按钮，进入修改数据页面，如图11-7所示。点击【保存】按钮保存收资单，点击【上报】按钮上报到收资通过环节，点击【回退】按钮回退到收资编制环节。

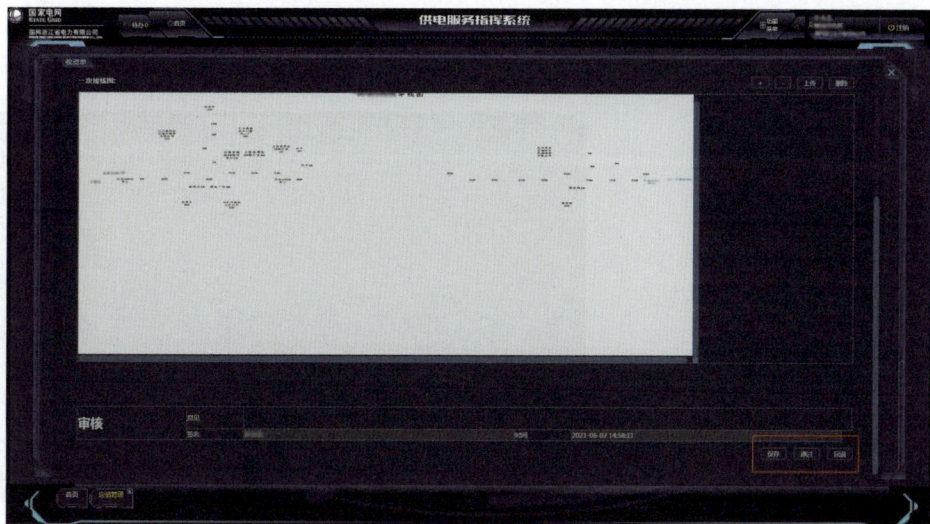

图11-7　收资单审核

二 整定单编制与审批

（一）概述

配电网保护整定单是基于收资单收集的配电网继电保护设备基本信息，由整定人员开展继电保护定值的整定，并形成整定单开展定值单的流转审批工作，并下发现场作业人员进行执行。

（二）定值单编制

在收资通过列表中勾选所要处理的数据并且点击【生成定值单】按钮，进入定值单编制页面，如图11-8所示。

定值编制人员根据设备整定结果在定值表格中填写具体的定值。

点击【保存】生成定值单，状态到定值编制环节。

点击【完成】上报到定值校核环节。

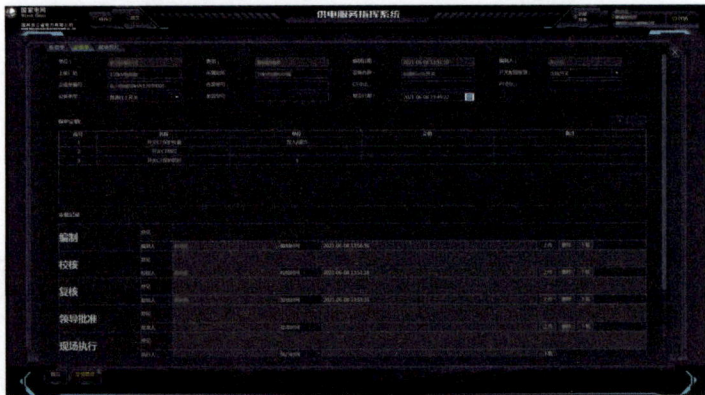

图11-8 定值单编制

（三）定值单校核

在定值校核列表中勾选所要修改的数据并且点击【修改】按钮，进入到修改数据页面。

校核无误后，校核人员点击【保存】定值单，状态到定值校核环节。

点击【完成】上报到定值复核环节。

点击【回退】回退到定值编制环节。

注：审核环节签名根据环节自动赋值审核人员（专职人员）的名称，时间自动赋值当前时间。

（四）定值单复核

在定值复核列表中勾选所要修改的数据并且点击【修改】按钮，进入修改数据页面，如图11-9所示。

复核无误后，复核人员点击【保存】按钮保存定值单，进入定值复核环节。

点击【完成】上报到定值批准环节，

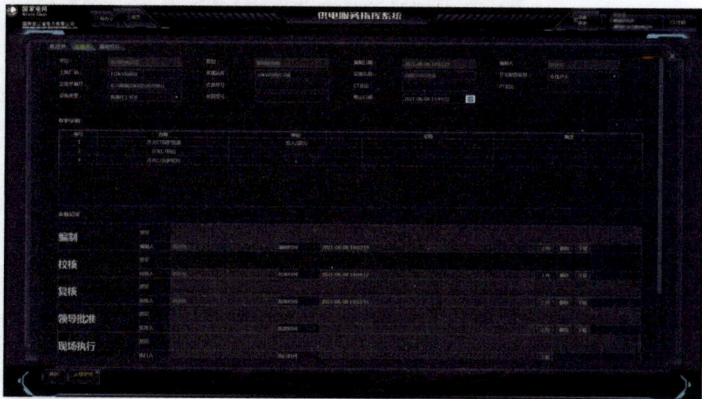

图11-9　定值单复核

点击【回退】回退到定值编制环节。

　　注：审核环节签名根据环节自动赋值审核人员（专职人员）的名称，时间自动赋值当前时间。

（五）定值单批准

　　在定值批准列表中勾选所要修改的数据并且点击【修改】按钮，进入修改数据页面，如图11-10所示。

图11-10　定值单批准

领导审阅无误后，批准人员点击【保存】按钮保存定值单，进入定值批准环节。

点击【完成】发送到"待执行"环节，点击【回退】回退到定值编制环节。

注：审核环节签名根据环节自动赋值审核人员（专职人员）的名称，时间自动赋值当前时间。

以上，完成供电服务指挥系统内整定单的审批流转。

三　现场定值整定

（一）概述

配电网保护整定单的执行是由现场人员在"i国网"上开展的，实现内外网业务的贯通，提升配电网运营管理效率。

（二）定值管理界面

以班组人员的角色登录"i国网"，点击主菜单【数字配网】中的【继保整定】，进入页面，如图11-11所示。

定值单查询页提供了时间范围查询功能，选择【开始时间】和【截止时间】，可以查询出对应时间段的定值单记录，如图11-12所示。

图11-11　"i国网"继保整定页面

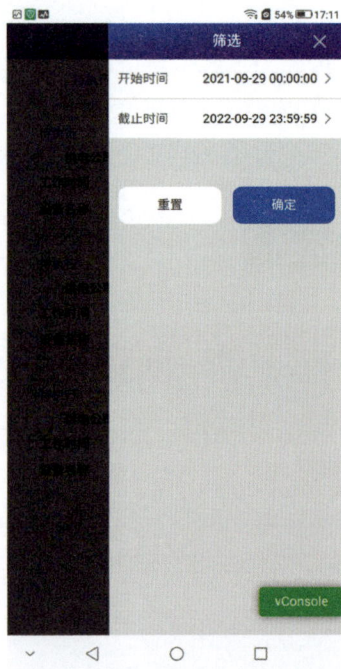

图11-12　继保整定查询页面

（三）定值单执行

在定值单列表页选中需要执行的工单，点击进入详情页，页面如图11-13所示。定值单一共有3项内容需要用户进行处理，处理完成才能完成执行。

（四）整定人员情况准备

第一项是"准备"，点击【未完成】按钮，展示"定值整定准备"页。在"定值整定准备"页有三项：整定人员情况、危险点、相关设备。点击第一项【整定人员情况】，弹出整定人员情况页，如图11-14所示。

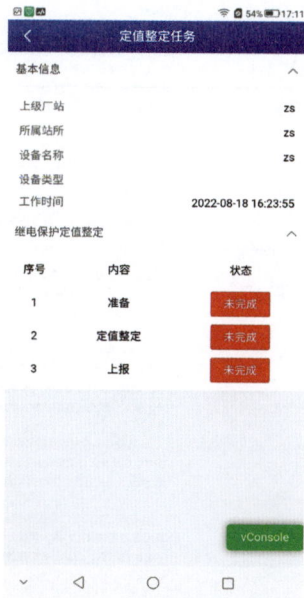

图11-13　继保整定任务页面

图11-14　整定人员情况

在整定人员情况页对所有内容进行置位，还可以点击【定值单执行要求说明】进行阅读，以便更好的操作，如图11-15所示。

置位完成，点左上角返回箭头按钮，回到定值整定准备页面，可以看到"整定人员情况"已经完成，右侧按钮变绿色，如图11-16所示。

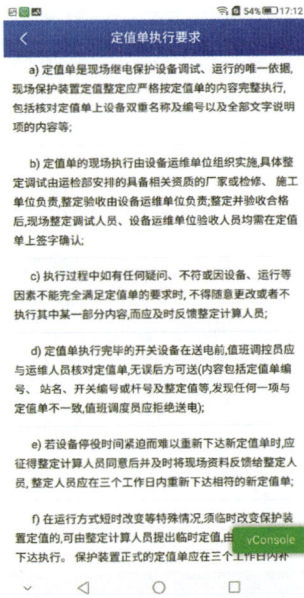

图11-15　定值单执行要求说明

图11-16　整定人员情况完成

（五）危险点准备

　　点击第二项【危险点】，打开危险点操作页面，如图11-17所示。对所有危险点进行置位操作，点左上角返回箭头按钮，回到定值整定准备页面。

（六）相关准备

　　点第三项【相关设备】，打开相关设备内容页面，如图11-18所示。对所有设备状态进行置位操作，然后点左上角返回箭头按钮，回到定值整定准备页面。这时可以看到准备工作中的三项，整定人员情况和危险点以及相关设备都已经完成。第一步准备工作完成，点击左上角返回箭头按钮，回到定值单详情页，如图11-19所示。

（七）定值整定

　　第一项是"准备"工作已经完成，右侧按钮变绿色，如图11-20所示。点击第二项【定值整定】右侧的按钮，弹出定值整定页面，根据定值单定值进行整定确认，并需上传现场整定图片，如图11-21所示。然后点击【工作负责人】控件，弹出人员选择列表，选择执行人员，如图11-22所示。选择好人员后，点击【返回】按钮。回到工单详情页。

（八）上报

　　点击【上报】按钮，执行环节走完，定值单进入归档环节。

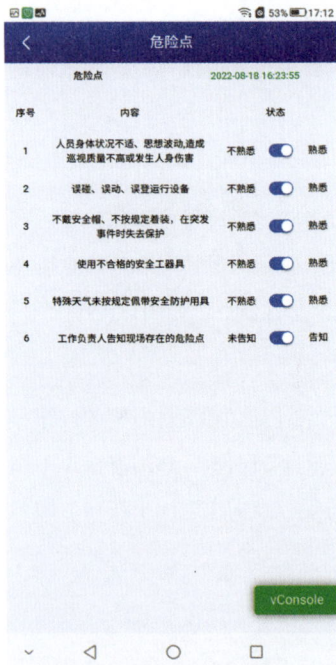

图11-17 危险点准备页面

图11-18 相关设备准备页面

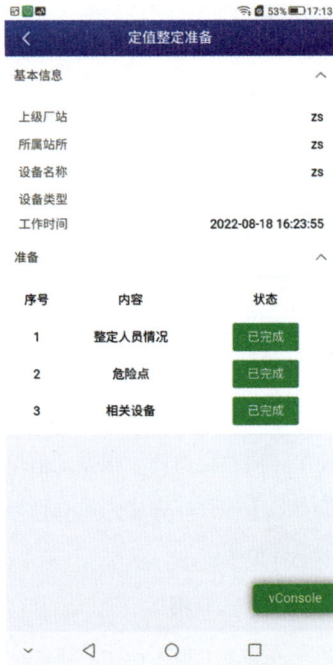

图11-19 准备工作完成页面

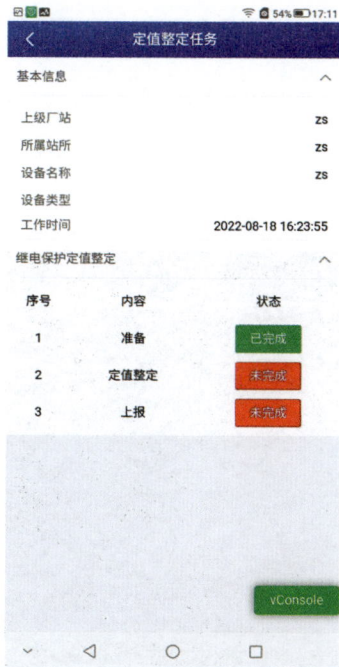

图11-20　准备工作完成页面

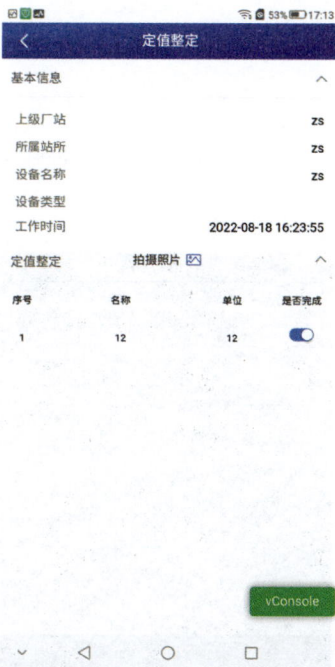

图11-21　上传现场照片

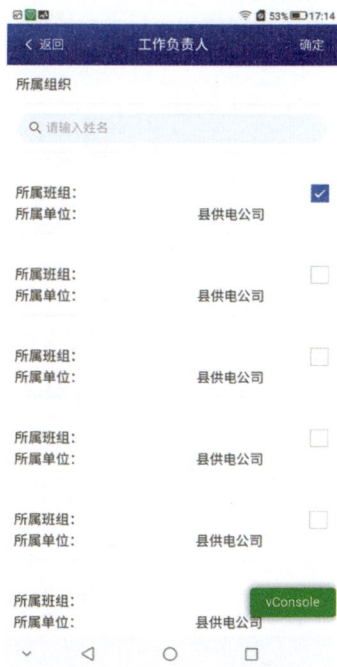

图11-22　执行人员选择

四　继保审核与归档

（一）概述

　　配电网保护整定单由现场执行完毕后，现场人员点击上报即将流程单子发回供电服务指挥系统，由继保人员进行最终确认和归档，实现了配电网保护整定管理的闭环。

（二）继保审核

　　在继保审核列表中勾选所要修改的数据并且点击【修改】按钮，进入到修改数据页面，如图11-23所示。点击【完成】上报到归档环节。点击【回退】回退到待执行环节。

（三）定值单归档

　　处于归档环节的定值单可以在导航栏根据需求进行筛选、查询和导出定值单，如图11-24所示。

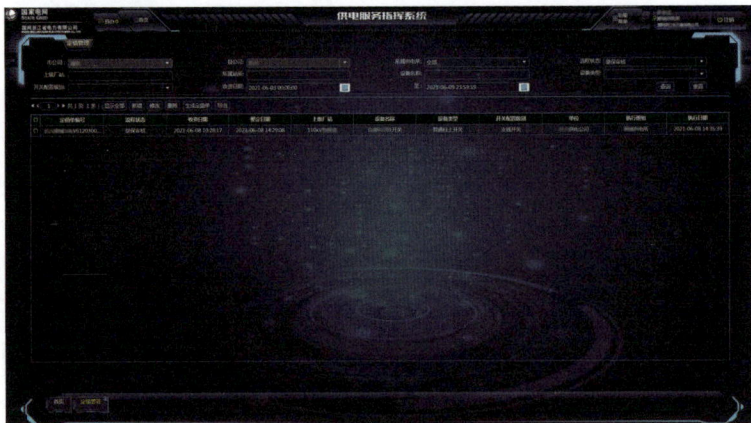

图11-23　定值单继保审核

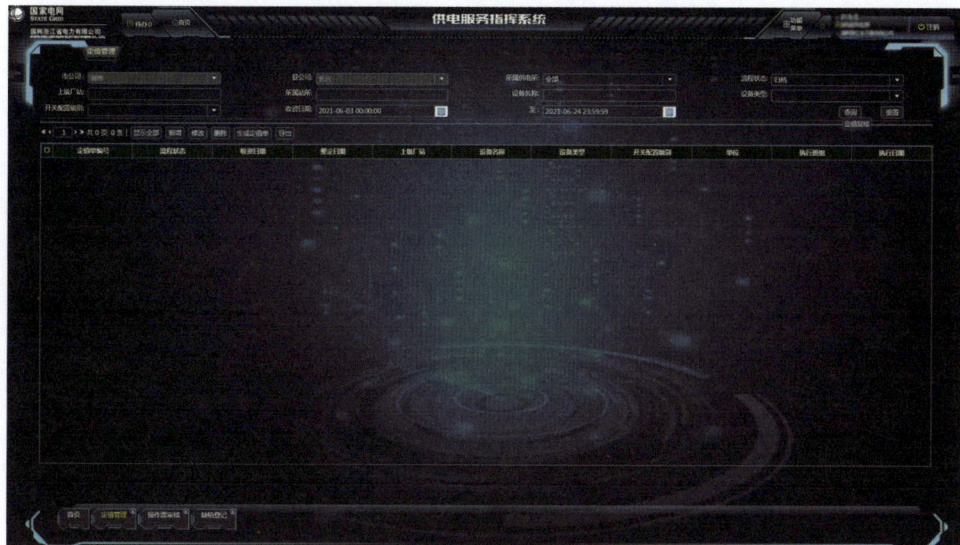

图11-24 定值单归档

第十二章　配电网故障抢修

一 故障工单来源

　　故障抢修是指在系统正常运行的情况下，电网中的某个部件或环节出现异常，致使系统内局部电网甚至整个电网不能正常运行，为了使整个系统能够正常运行，并防止因为该故障而导致更大面积的电网瘫痪造成更大的损失，必须在最短的时间内将故障排除。根据故障来源不同，可以将故障工单分为95598工单、外联工单和主动抢修工单。

　　（1）95598工单是95598客服坐席受理客户电话报修后，由95598系统下发至供电服务指挥系统的故障工单。

　　（2）主动抢修工单是配电监测设备主动发现故障后通过供电服务指挥系统自动生成的故障工单，指导供电所抢修人员快速定位、主动抢修。

　　（3）外联工单是指供服指挥中心接收110联动、政府12345、数字城管等投诉后，当值人员录入供电服务指挥系统生成的工单。

二　工单移动端流转

工单移动端流转是指在"i国网"App里实现接单和进行主动抢修工单流程。方便对故障工单进行管控，真正做到无纸质化流程。工单移动端流转包含接单、到达、查勘、处理四个环节。

（一）接单环节

①进入"i国网"App用户的操作界面后，点击【抢修工单】图标，进入工单列表页，可看到所有派出的工单，如图12-1所示。

②根据外联故障工单号找到刚派出的工单，点击【接单】按钮，打开接单界面。

③接单时间不是必填项，所以直接点击【接单】按钮到下一个环节，如图12-2所示。

图12-1　工单列表

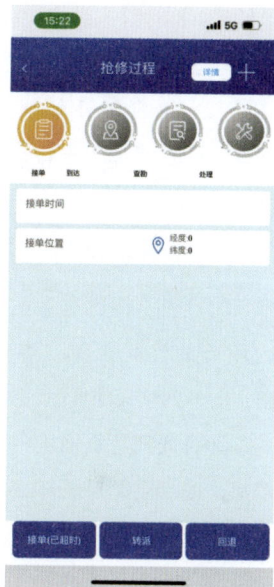

图12-2　接单页面

注意：在接单环节，点击App右上角的【+】按钮，弹出菜单有两项，智能电表和单线图。App端所有环节均可以点右上角的【+】按钮，对单线图进行查看和智能电表进行召测，如图12-3所示。

（二）到达环节

①点击【待到达】页，显示处于到达环节的外联工单。点击【到达】按钮，展开到达操作页面，如图12-4所示。

②点开到达页面上的【工具检修】按钮，进行检查，如图12-5所示。

③点击【检查完成】，然后退回上一级界面，点击【到达】按钮，完成此环节，如图12-6所示。

图12-3 智能电表和单线图选择

图12-4 待到达工单

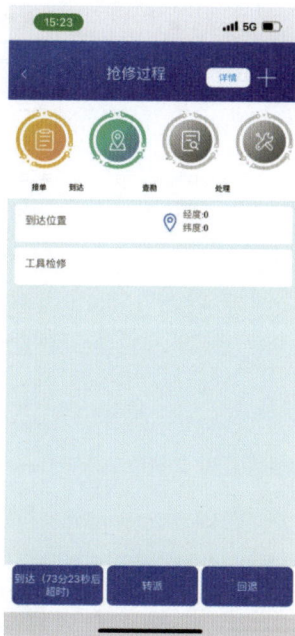

图12-5 工具检修页面

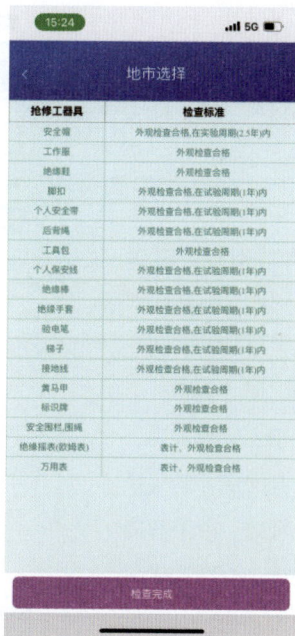

图12-6 工具检修归档

（三）查勘环节

①进入查勘环节，点选工单，展开查勘操作页，如图12-7所示。

②在查勘操作页中，填写一级分类、二级分类等必填项，点击【＋】按钮，拍查勘地点照片上传附件，点击【查勘】按钮。工单进入下一环节处理环节，如图12-8所示。

注意：在查勘环节，点击App右上角【＋】按钮，其中有三项：智能电表、抢修方案、单线图。点击抢修方案菜单项，进入抢修方案配置页面。由于智能电表、单线图已经描述过，所以这里只描述抢修方案。

图12-7　查勘环节

图12-8　查勘环节明细

（四）处理环节

①点选需要进行处理的工单，展开处理操作页，如图12-9所示。

②在处理操作页界面，一级分类、二级分类、故障原因大类、故障原因小类等是选填字段，"电压等级"是必填字段。

③填写完电压等级，点击【处理】按钮，在工单进入下一个确认环节前，会弹出复电确认对话框，用户可以点选【是】，工单就被发送到派单人的确认环节，如图12-10所示。

图12-9　处理环节

图12-10　处理环节详细

三　抢修方案移动端编制

（一）进入抢修方案配置界面

在查勘环节中，点击右上角【+】按钮，弹出【智能电表】、【抢修方案】和【单线图】三个选项，选择其中的【抢修方案】可进入抢修方案配置页面，如图12-11所示。

（二）编制抢修方案

抢修资源主界面包含【基本需求】、【设备需求】、【工具准备需求】、【车辆需求】、【人员需求】、【抢修队伍需求】六个子页面。

（1）填写基本需求：

进入抢修资源主界面后，默认显示【基本需求】子页面，在基本需求页面上，有必填项【三级分类】、【故障原因大类】、【故障原因小类】；下拉框选择后可继续选择【时间因素】、【天气因素】、【预案内容】、【施工流程】、【危险点】、【安全注意事项】，如图12-12所示。

（2）填写设备需求：

切换到【设备需求】子页面，点击【添加设备】按钮，分别填写完成【设备类型】、【设备型号】、【数量】等信息，点击【确定】可以保持并增加一条设备需求记录，也可点击右侧的【删除】对新增加的需求记录进行删除操作，如图12-13所示。

图12-11 进入抢修方案

图12-12 抢修资源主界面

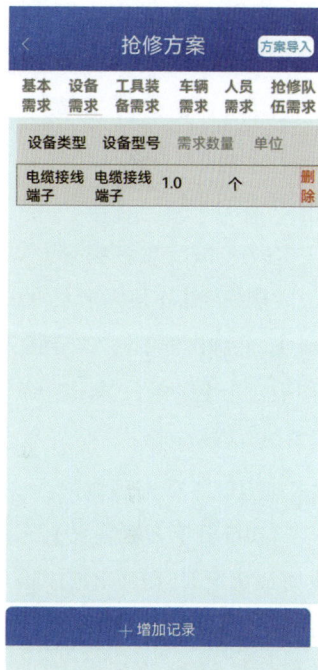

图12-13 填写设备需求

（3）填写工具准备需求：

切换到【工具准备需求】子页面，点击【增加记录】，填写完成【工具类型】、【需求数量】、【单位】后点击保持新增一条记录。

（4）填写车辆需求：

切换到【车辆需求】，点击【增加记录】，在弹出框中输入车辆型号和数量，然后点击【保存】，新增一条记录，如图12-14所示。

（5）填写人员需求：

切换到【人员需求】子页面，点击【增加记录】，在弹出框中输入【人员技能】、【需求数量】和【单位】，然后点击【保存】，新增一条记录，如图12-15所示。

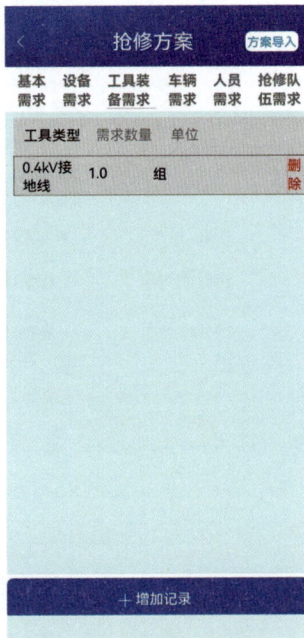

图12-14　填写工具准备需求

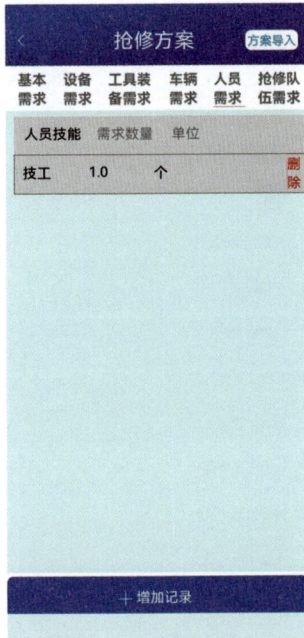

图12-15　填写人员需求

（6）填写抢修队伍需求：

切换到【抢修队伍需求】子页面，点击【增加记录】，在弹出框中输入【抢修队伍名称】、【供电所】和【成员数量】，然后点击【保存】，新增一条记录，如图12-16所示。

（三）完成抢修方案

保存抢修方案：

填写【基本需求】、【设备需求】、【工具准备需求】、【车辆需求】、【人员需求】、【抢修队伍需求】后，即完成抢修方案。也可以点击【方案导入】，导入现成方案，如图12-17所示。

图12-16　填写抢修队伍需求

图12-17　保存抢修方案

四　故障工单流程查阅

（一）"i国网"App端查询

点击"i国网"App中【抢修工单】，进入工单列表页，查询所需要的故障工单，如图12-18所示。

图12-18　工单查询

（二）主站端查询

进入供电服务指挥系统，点击【故障工单态势】查询所需要的故障工单，如图12-19所示。

图12-19　主站查询故障工单

第十三章 单相接地故障定位

单相接地故障数字化检测模块主要包含检测任务建立、检测任务执行与回收、检测结果查询与报告生成三个功能模块，主要功能是单相接地故障进行定位及消缺处理，并向通过"i国网"App报修的客户实时展示故障抢修全过程。

一 单相接地故障检测任务建立

（一）进入单相接地

通过首页点击【单相接地】模块，进入到【单相接地故障数字化检测】模块首页，即可进行相关操作，如图13-1所示。

（二）检测任务建立

①如图13-2所示，点击【新建】之后，点击要新建的线路，进入作业前准备。

②【安全注意事项】与【作业工器具】中相关信息确认无误并打√后，点击【开始工作】，如图13-3所示。

图13-1 单相接地模块内部

图13-2 检测任务建立

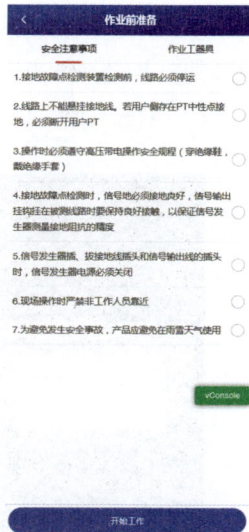

图13-3 作业前准备

二　单相接地故障检测任务执行与回收

（1）完成作业前准备后，点击【开始工作】进入单相接地故障数据界面。执行完成后回收数据，点击右上角【回收】，点击【确认】，如图13-4所示。

（2）打开需回收的任务所在在文件管理器，选择相应的任务进行操作，如图13-5所示。

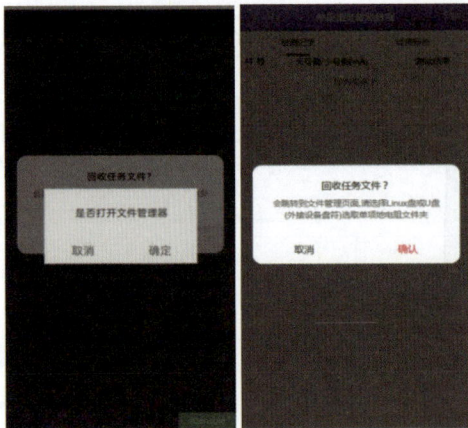

图13-4　回收任务文件

图13-5　回收任务文件

三 单相接地故障检测结果查询与报告生成

（一）检测结果查询

进入供电服务指挥系统【单相接地故障检测记录查询】模块，选择对应任务查看测试结果，如图13-6所示。

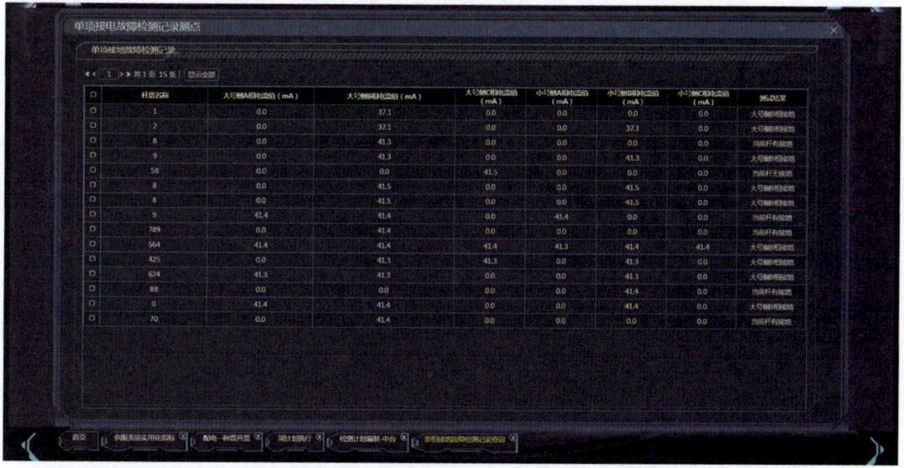

图13-6 供电服务指挥系统检测结果

（二）检测报告生成

数据回收成功后进入检测结果查询生成环节，点击【检测报告】，并输入填写报告信息，如图13-7所示。报告信息填写完成后，点击【检测结束】上传数据，任务结束。

图13-7　"i国网"检测报告

进入供电服务指挥系统【单相接地故障检测记录查询】模块，选择对应任务后，点击【导出报告】，如图13-8所示。

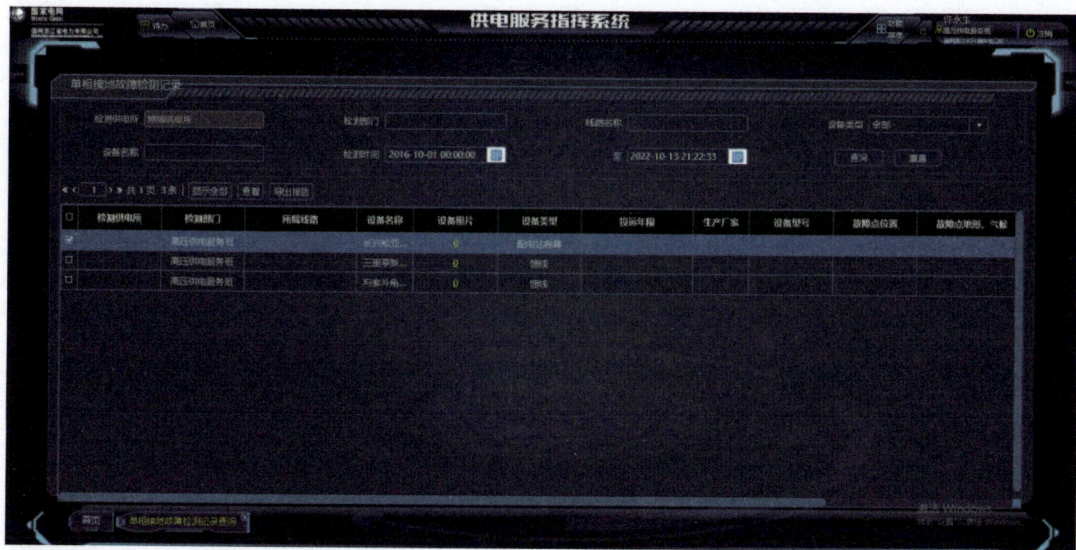

图13-8　单相接地检测结果

查看单相接地故障检测报告，如图13-9所示。

单相接地故障检测报告

		报告日期	2021-12-03 00:00:00
基本信息			
线路名称		检测供电所	
检测班组	高压供电服务班	检测人员	
检测开始时间	2021-12-03 00:00:00	检测结束时间	2021-12-03 00:00:00
故障点位置		故障点地形、气候	
供电区域等级		故障设备厂家名称	
故障设备型号		故障设备年限	
故障设备类型	配电站管器	故障设备名称	
故障设备照片			

单相接地故障检测记录

杆塔名称	大号侧A相电流值(nA)	大号侧B相电流值(nA)	大号侧C相电流值(nA)	小号侧A相电流值(nA)	小号侧B相电流值(nA)	小号侧C相电流值(nA)	班式结果
1	0.0	37.1	0.0	0.0	0.0	0.0	大号侧B相接地
8	0.0	41.3	0.0	0.0	0.0	0.0	当前杆有接地
2	0.0	37.1	0.0	0.0	37.1	0.0	大号侧B相接地

图13-9　单相接地检测报告

第十四章　工程监理

一　工程监理任务下派

（一）业务概述

在PC端打开供电服务指挥系统，找到检修周计划关联工程模块，需要进行计划关联工程下发监理任务后，才可以在"i国网"App端收到监理任务并进行现场监理操作。

（二）系统路径

打开供电服务指挥系统：【功能菜单】→【业务处理】→【运维检修】→【检修管理】→【检修周计划关联工程】，如图14-1所示。

图14-1　检修周计划关联工程界面

选择需要关联数据，双击进入【关联页面】，如图14-2所示。

选择【可关联工程（置灰不可选）】点击关联或双击数据，可关联成功同步下发监理任务至"i国网"App端。

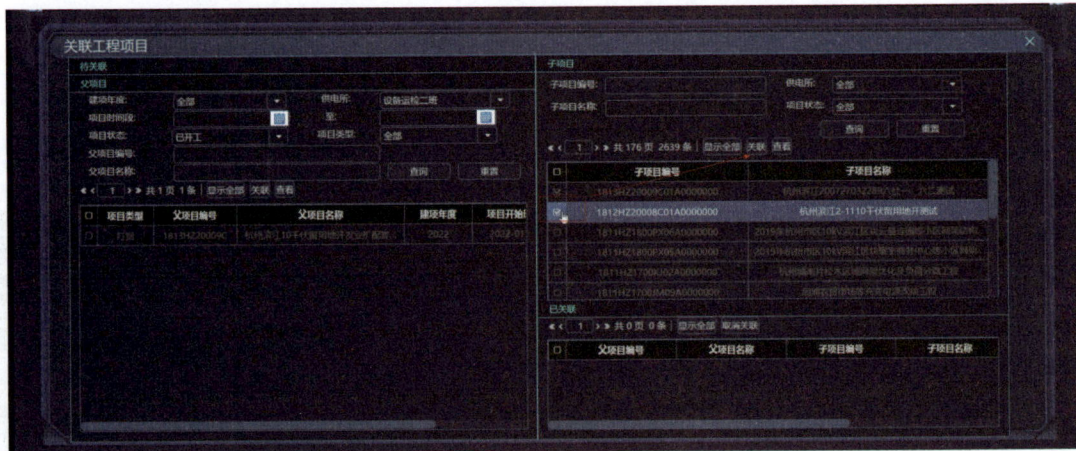

图14-2　关联工程项目界面

二 工程监理任务执行与附件上传

（一）系统路径

打开"i国网"App，在工作台进入数字配网，点击【工程监理】，如图14-3所示。

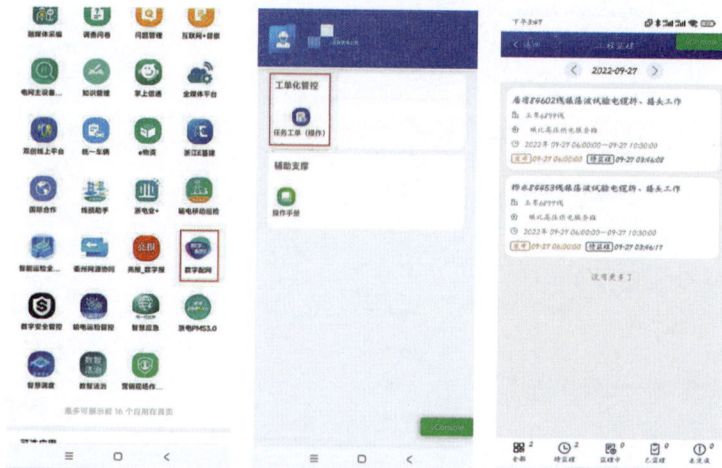

图14-3 "i国网"工程监理界面

打开后就可以看到全部监理任务，如果监理较多，可以对状态进行筛选，主要包含待监理【待监理的监理计划列表】、监理中【监理中的监理计划列表】、已监理【已闭环的监理计划列表】、未完成【逾期未完成的监理计划列表】四个状态进行筛选，也可以通过日期进行筛选。

注意：只有当天数据可以进行操作，如不是当天时间数据仅供查看，不能进行操作。

监理信息维护选择项目状态为"待监理"数据，显示工程计划详情，如图14-4所示。

（二）系统路径

点击【待监理】的数据进入项目详情页，进行项目维护，如图14-5所示。

【监理开始时间】：上传附件时自动获取。

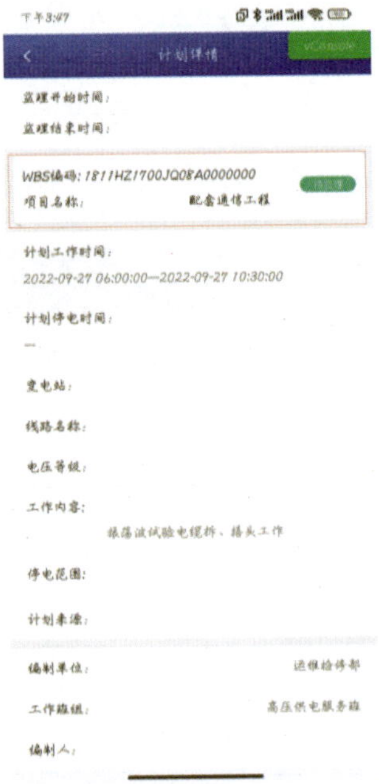

图14-4　待监理界面

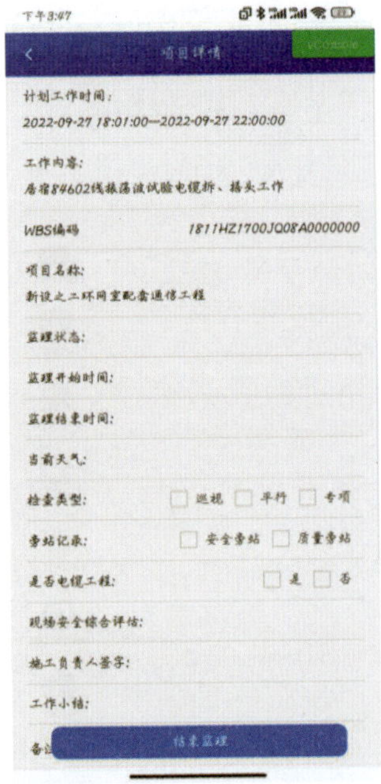

图14-5　监理项目维护界面

【监理结束时间】：结束监理时自动获取时间。

【天气】：点击空白部分，选择天气状况，如图14-6所示。

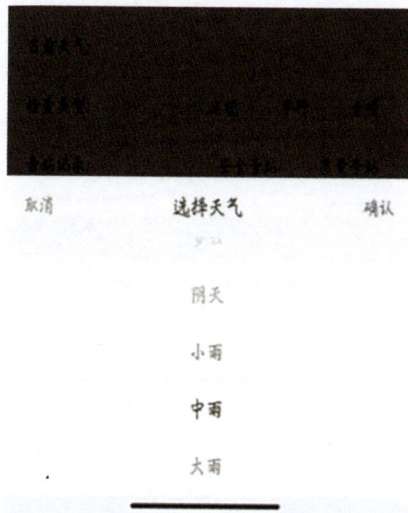

图14-6　天气选择

【检查类型】：巡视、平行、专项（可多选），如图14-7所示。

图14-7　检查类型

【旁站记录】：安全旁站、质量旁站（可多选）选择。

【安全旁站】页如图14-8所示。

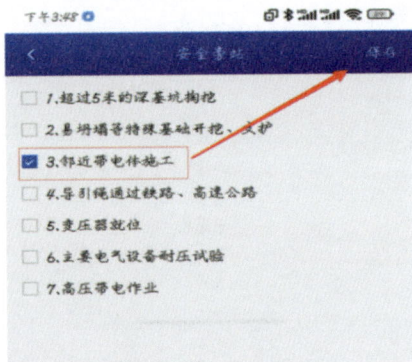

图14-8　安全旁站

选择【质量旁站】时，如图14-9所示。

选择相关信息，点击【保存】。

【现场安全综合评估】：点击空白处，选择评估状态，如图14-10所示。

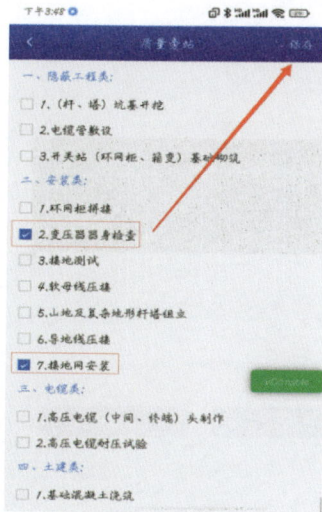

图14-9　质量旁站

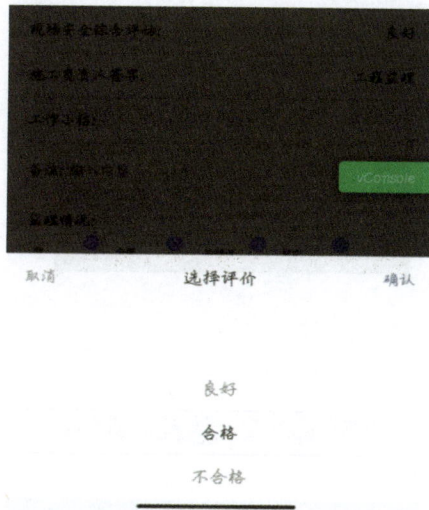

图14-10　现场安全评估

【施工负责人签字】：点击空白处，在弹窗中输入内容，如图14-11所示。

【取消】：点击【取消】，取消当前状态。

【确定】：点击【确定】，保存当前信息。

【工作小结】：可参考"施工负责人签字"操作流程，如图14-12所示。

【备注】：点击【输入】即可。

【是否电缆工程】：是、否。

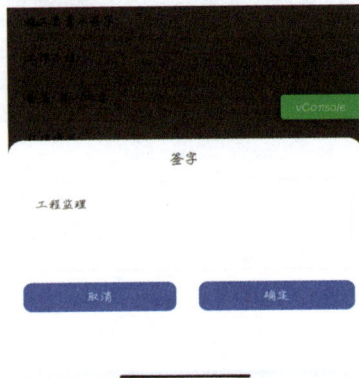

图14-11　负责人签字

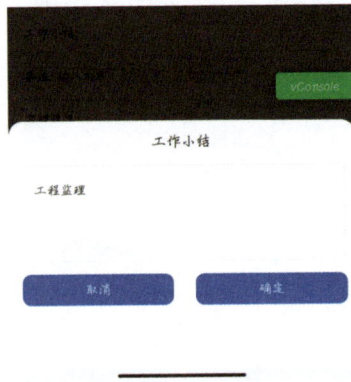

图14-12　工作小结

选择"是"情况下，会多出来一个电缆关联工序，如图14-13所示。

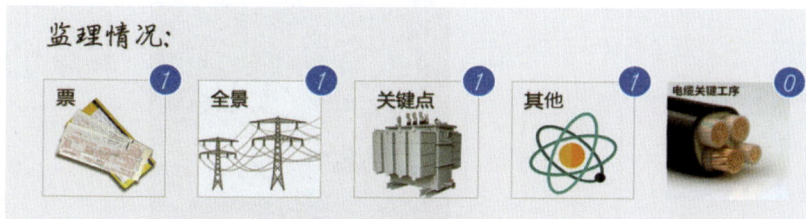

图14-13 电缆关联工序

选择"否"情况下，则没有电缆关联工序，如图14-14所示。

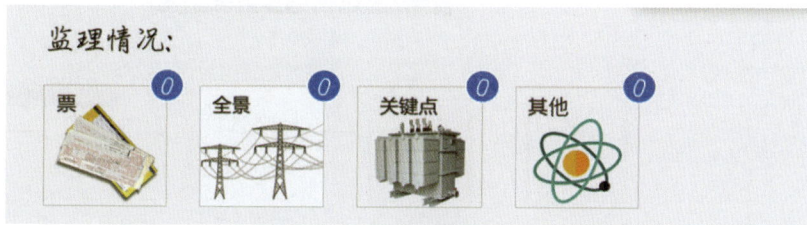

图14-14 无电缆关联工序

（三）附件上传

【电缆关键工程】选"是"情况下，工作票、全景图、关键点是必传项（每个至少上传1个附件），其他为非必传。【电缆关键工程】有7个可选择性上传的选项（工作井、排管、电缆中间接头合终端头、转角井、盘圈井、接头井内部照片、电缆封堵情况），点击【工作票】进入页面，点击【添加附件】，点击【拍照】或者去【相册】中选择图片附件进行上传，如图14-15所示即为上传成功。

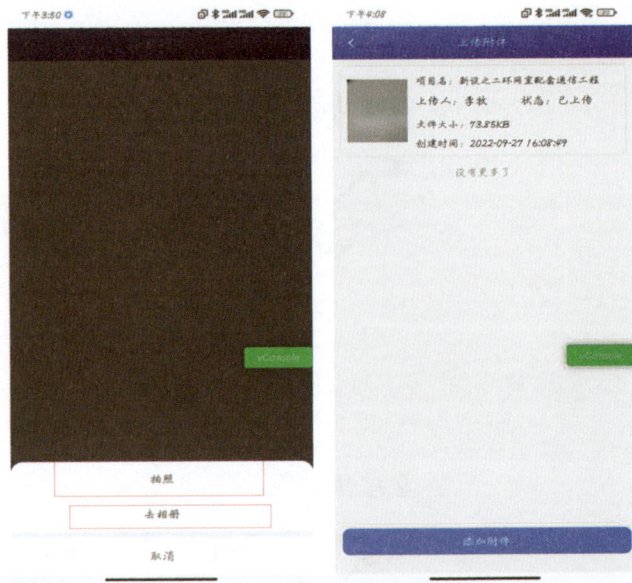

图14-15 附件上传

全景图、关键点、其他（上传附件可参考工作票上传）的上传：点击【电缆关键工序】，进行上传附件（可参考工作票上传），如图14-16所示。

点击【切换】，切换到其他类型附件，如图14-17所示。

【电缆关键工程】选"否"情况下，会隐藏电缆关键工程，则只需要上传工作票、全景图、关键点、其他即可。

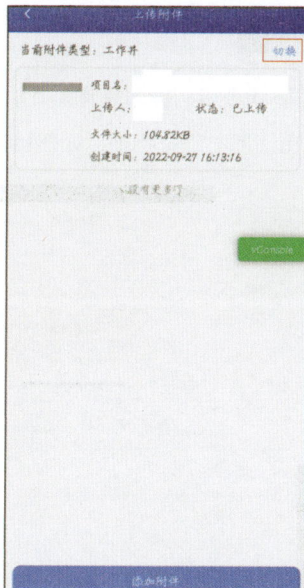

图14-16　附件上传

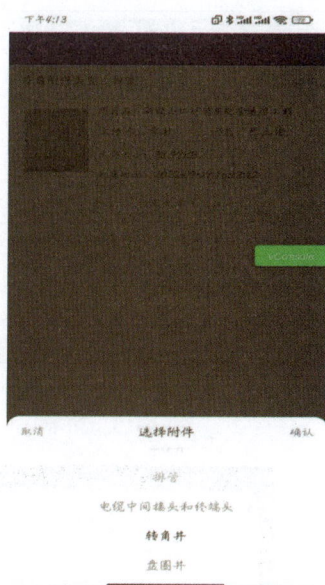

图14-17　切换类型附件

三　工程监理问题新增与整改

问题及整改如果项目不需要整改，不需要进行此步操作。

需要整改的项目，点击【＋】会弹出问题类别选择框，如图14-18~图14-21所示。

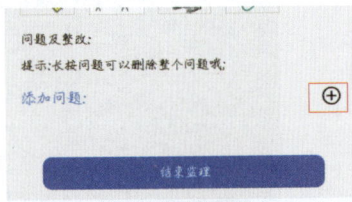

图14-18　添加问题

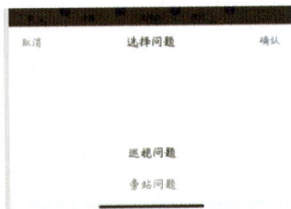

图14-19　选择问题

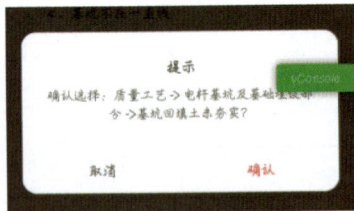

图14-21　新增问题描述-质量工艺

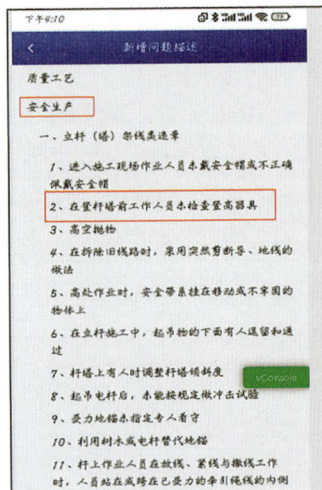

图14-20　新增问题描述-安全生产

点击【查看问题】，上传附件可参考工作票，如图14-22所示。

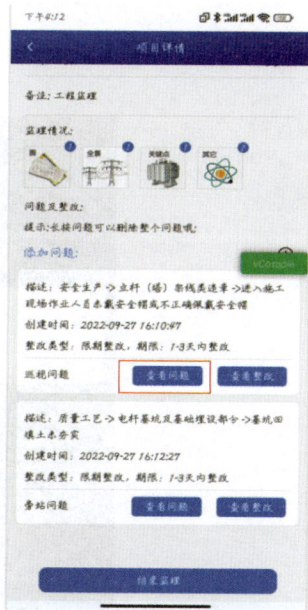

图14-22　查看问题

【限期整改】：可自定义设定时间或改为1~3天内整改，如图14-23所示。整改完成后可点击【查看】上传整改后的附件，长按问题可进行删除。

问题信息维护完成后确认无误，点击【结算监理】，确认之后状态变为"已监理"，如图14-24所示。

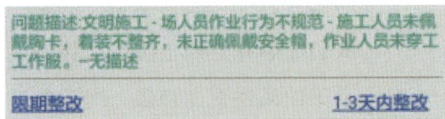

图14-23　限期整改

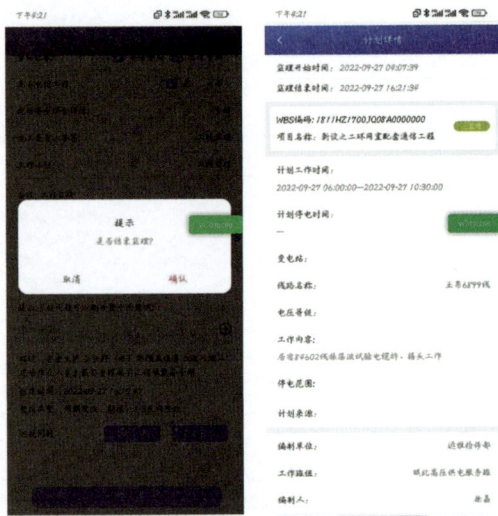

图14-24　结束监理

第十五章 配电网工作票管理

配电网工作票模块主要包含配电第一种工作票、配电第二种工作票、配电带电票、配电低压票、配电故障紧急抢修单。

一 配电第一种工作票

（一）下载登录

下载"i国网"App（安卓版和IOS版），下载成功后打开App，输入账号密码进行登录。

选择进入【数字配网】后，点击【工作票】，如图15-1所示。

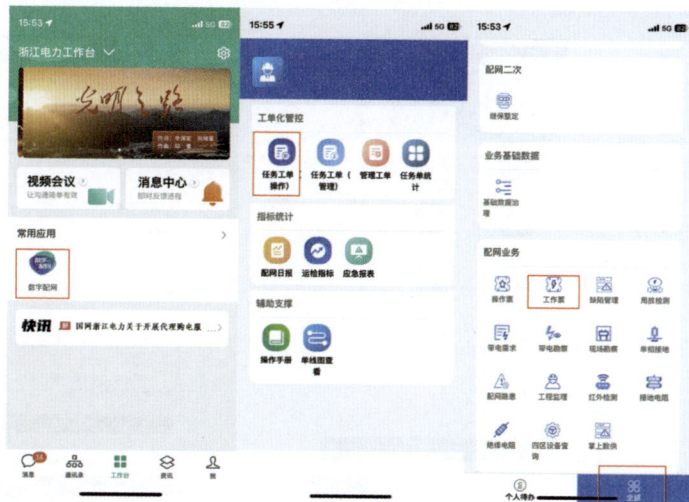

图15-1 数字配网模块登录

（二）开票

登录手机应用商城进入数字工作票界面，选择【配电第一种工作票】进填写相关信息，带红色*的为必填项，如图15-2所示。

关联检修周计划和现场勘察单，点击【关联】后确定，如图15-3所示。

图15-2　工作票界面

图15-3　关联周计划和现场勘察单

填写工作班组人员（不包括工作负责人），可以在选择界面上方根据姓名或者工号查询，也可以点击【组织】选择其他组织成员，选择完毕后，点击确定，如图15-4所示。

填写工作任务，点击【新增】，可以在出现的输入框中输入工作地点或设备以及工作内容，有多个工作任务可以继续点【新增】。不需要的工作任务可以点旁边的小图标进行删除，如图15-5所示。

选择计划工作时间，必须选择次日开始的时间，选择好计划工作开始时间和结束时间，如图15-6所示。

图15-4　填写工作班组人员

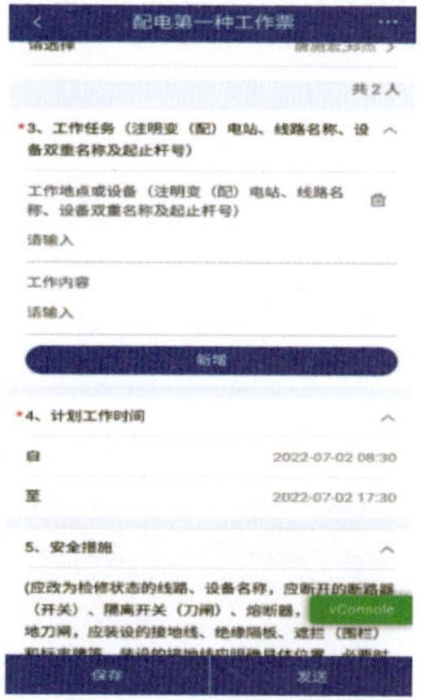

图15-5　填写工作任务

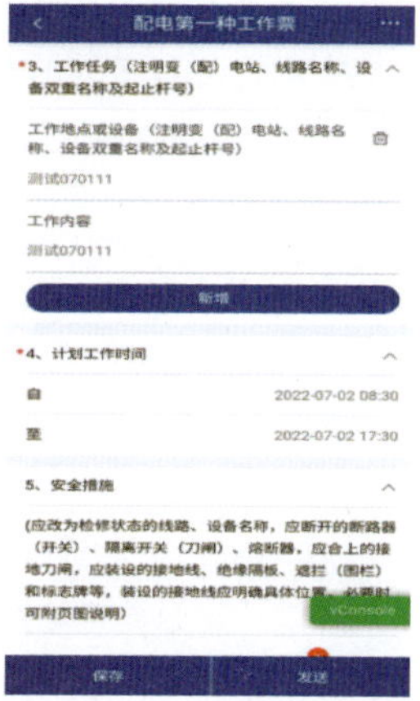

图15-6　填写计划工作时间

填写【安全措施】，有需要的可以上传简图，从手机相册上传图片，如图15-7所示。

填写调控或运维人员应该采取的安全措施，点击【新增】，可以在出现的输入框中输入安全措施内容以及接地线编号，也可以点击右边的箭头进行导入，有多个安全措施可以继续点【新增】，如图15-8所示。

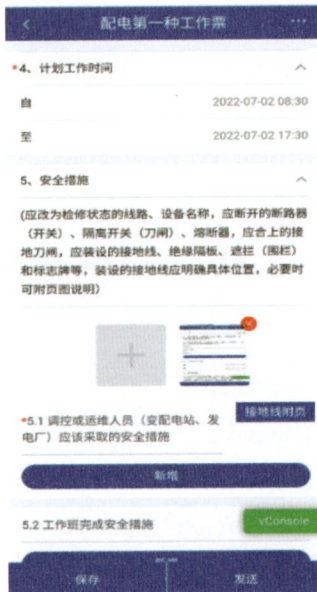

图15-7　填写安全措施

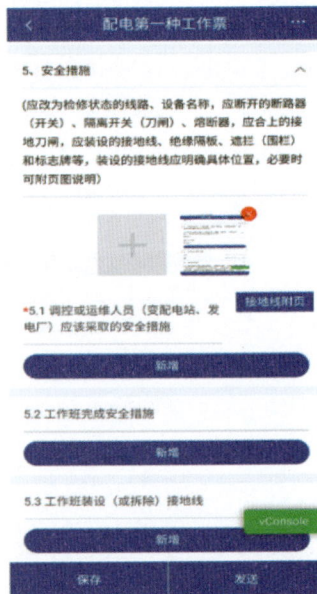

图15-8　填写调控或运维人员应该采取的安全措施

填写工作班完成安全措施，点击【新增】，可以在出现的输入框中输入安措内容，也可以点击右边的箭头进行导入，有多个安全措施可以继续点击【新增】，如图15-9所示。

填写工作班装设（或拆除）接地线，点击【新增】，可以在出现的输入框中输入对应内容，有多个需要填写的内容可以继续点击【新增】，如图15-10所示。

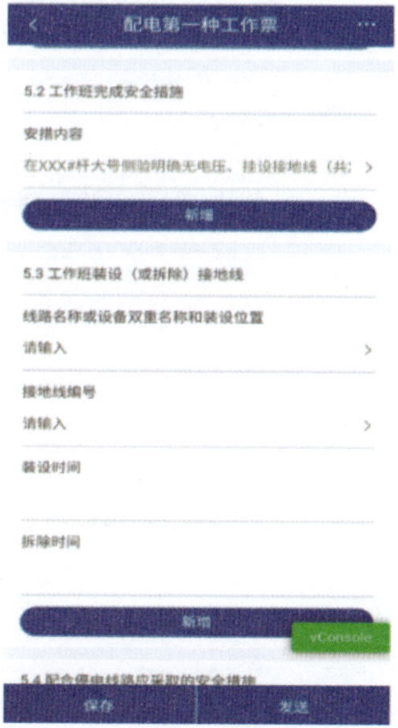

图15-9　填写工作班完成安全措施

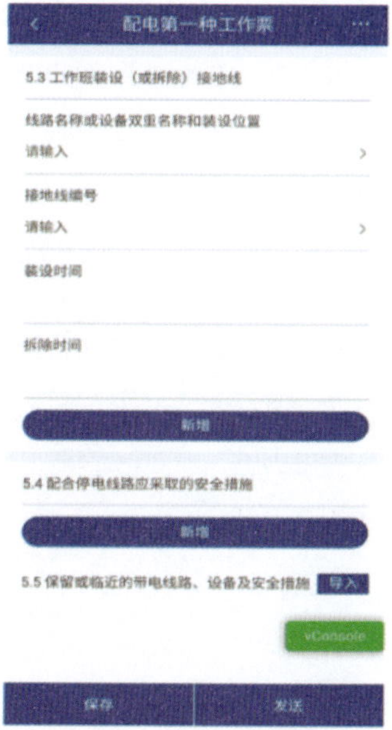

图15-10　填写工作班装设（或拆除）接地线

填写配合停电线路应采取的安全措施，点击【新增】，可以在出现的输入框中输入安全措施内容，也可以点击右边的箭头进行导入，右边的箭头进行导入，可以继续点【新增】，如图15-11所示。

填写保留或临近的带电线路、设备及安全措施，点击【导入】，可以选择安措内容，如图15-12所示。

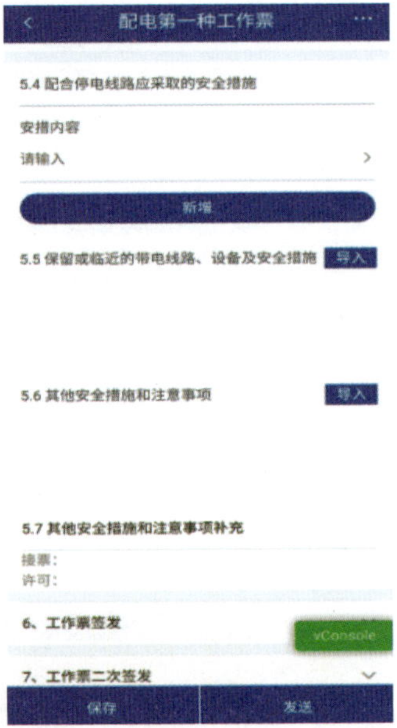

图15-11　填写配合停电线路应采取的安全措施

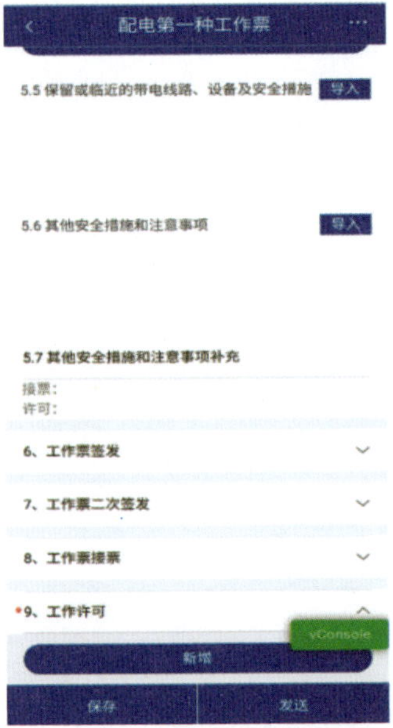

图15-12　填写保留或临近的带电线路、设备及安全措施

填写其他安全措施和注意事项，点击【导入】，可以选择安措内容，如图15-13所示。

填写工作许可，点击【新增】，输入相应的许可信息，如图15-14所示。

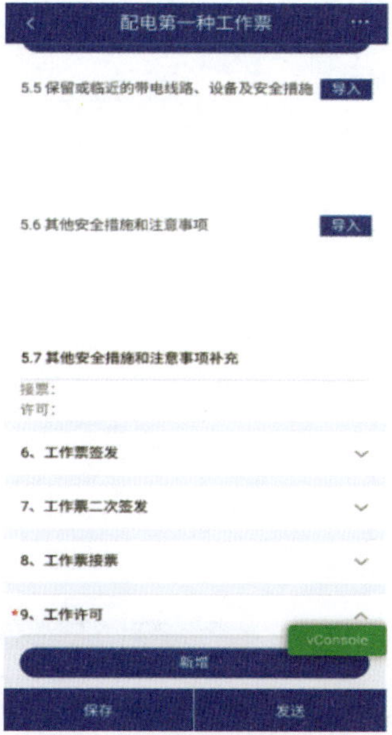

图15-13　填写其他安全措施和注意事项

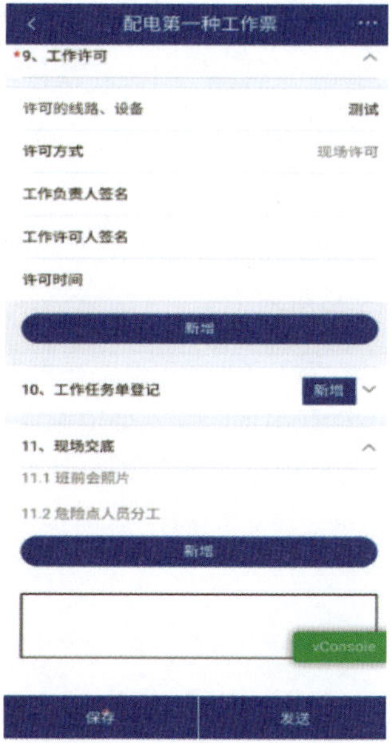

图15-14　填写工作许可

　　填写现场交底的危险点人员分工，点击【新增】，可以在出现的输入框中输入工作地点、工作内容、危险点、注意事项、分工人员，有多个人员分工可以继续点【新增】，如图15-15所示。

　　填写专责监护人，点击【新增】，可以在出现的输入框中输入监护内容和监护人，有多个需要专责监护人可以继续点【新增】，如图15-16所示。

图15-15　填写人员分工

图15-16　填写专责监护人

填写其他事项，不超过1000字。上传附件，选择附件分类后，点击【上传】，如图15-17所示。

上述内容填写完成后，点击【保存】，然后点击选后发送，如图15-18所示。

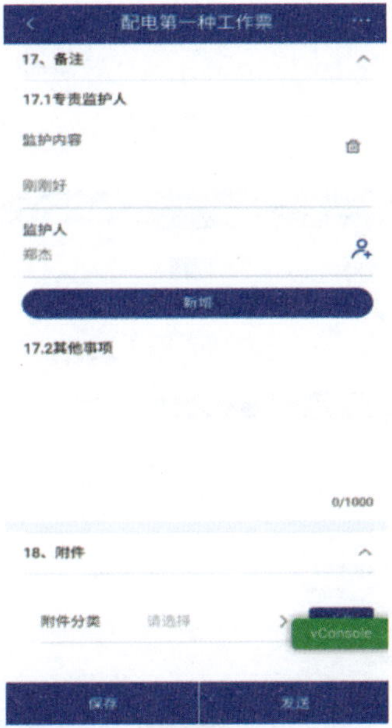

图15-17　填写其他事项及附件

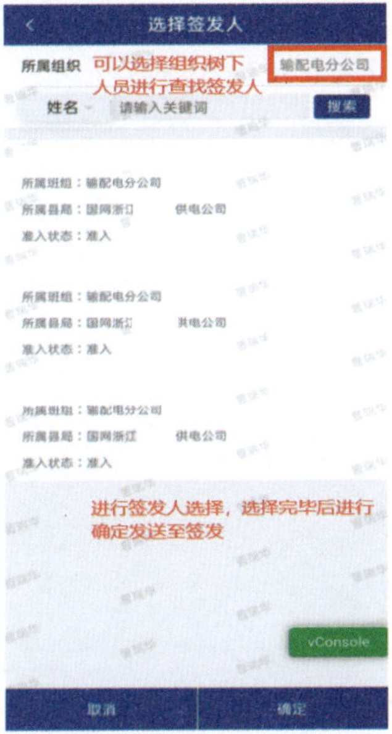

图15-18　保存发送签发

如果作业中带有小组任务，可以在"10.工作任务单登记"这一栏填写工作任务单，点击【新增】。在跳转的工作任务单界面中输入相应小组任务信息，选择小组任务对应的负责人、工作班成员、工作任务、计划时间等信息（带红色*的为必填项）。填写完成后点击【保存】，完成小组任务单新增，如图15-19所示。

图15-19 小组任务单新增

（三）签发

登录签发人账号，进入数字工作票界面，选择【待办事项】，进入待办事项列表，选择需要签发的工作票，点击进入工作票编辑界面。如果有信息需要修改，可以点【退回】到编制环节后修改内容，如图15-20所示。

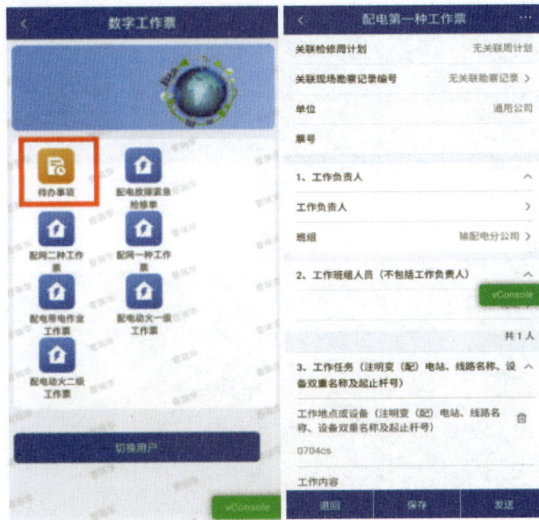

图15-20　签发人登录

进入【工作票详情界面】，选择对应的工作票，点击【签发人签名】进行签名，签发之后，点击发送，弹窗提示是否确认发送点击确认，然后进行许可班组的选择，点击确认以后弹出提示是否进行第二签发，点击【是】，如图15-21所示。

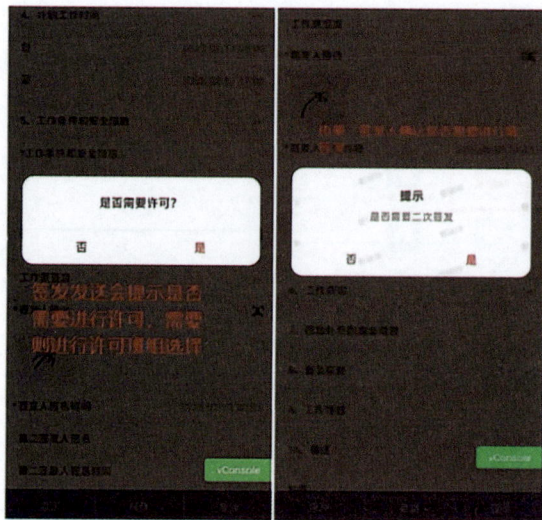

图15-21　签发人签发

如果需要进行第二签发，则选择第二签发人进行第二签发，如图15-22所示。

登录第二签发人账号，进入数字工作票界面，选择【待办事项】进入待办事项列表，选择需要签发的工作票，点击进入工作票编辑界面。由第二签发人进行票面审核并签发工作票。如果有信息需要修改，可以点【回退】到编制环节后修改内容，如图15-23所示。

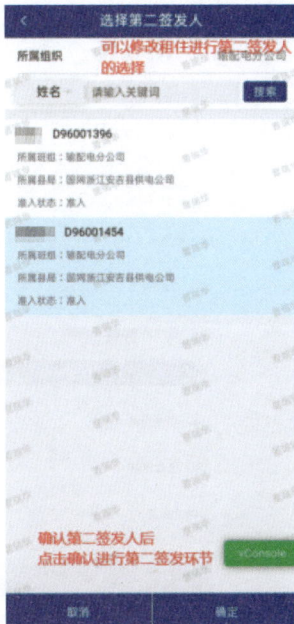

图15-22　选择第二签发人

图15-23　第二签发人签发

（四）接票

登录工作负责人账号进行接票。工作负责人进入"i国网"→数字配网→工作票→待办事项界面，找到待接票的这张票，点击进入票面。在【工作负责人签名】处签名。之后上传附件，点击【保存】。然后点击【发送】将票发送到下一个环节。如果有信息需要修改，可以点【回退】到编制环节后修改内容。如果因某些原因需要取消工作，点击【工作取消】（注意工作取消后票直接归档并无法再关联原来的计划），如图15-24所示。

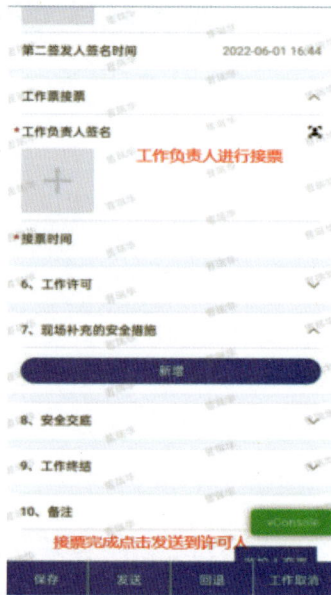

图15-24 工作负责人接票

　　工作负责人接票以后，票发送到小组负责人，小组负责人登录"i国网"账号，进入数字配网→工作票→待办事项，点击票进入票详情界面，在【工作任务单】选择自己负责的小组任务单后进入小组任务单详情界面。确认信息无误后点击【发送】。所有的小组任务单都完成接票后，票发送到主票工作负责人，最后由主票工作负责人点击【发送】，发送成功后进入许可环节，如图15-25所示。

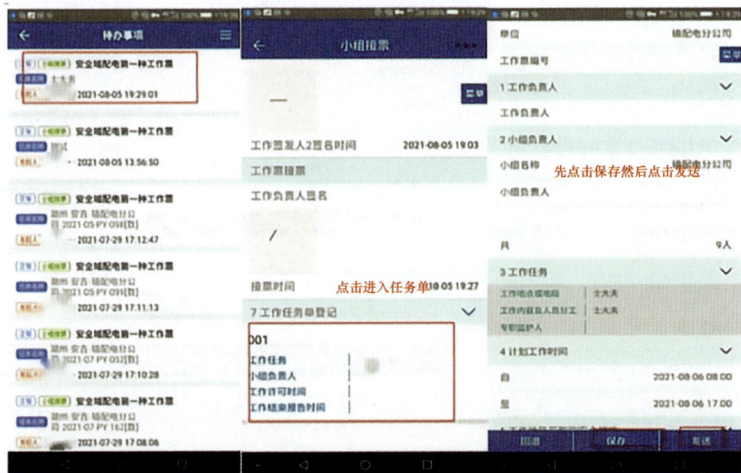

图15-25　小组负责人接票

（五）许可

登录账号，进入数字工作票界面，选择【待办事项】进入待办事项列表，选择需要许可的工作票，点击进入工作票编辑界面。工作负责人和工作许可人分别进行工作许可，在安全措施打勾确认并签名（任意一方签完名后需要先点【保存】），之后在最下面【附件】一栏上传安全措施布置附件，许可人和负责人都签完名后，任意一方都可以点击【发送】使票进入下一环节。许可进行需要终端绑定，点击右上角扫一扫进行设备绑定。如果有信息需要修改，可以点击【回退】到编制环节后修改内容。如果因某些原因需要取消工作，点击【工作取消】（注意工作取消后票直接归档并无法再关联原来的计划），如图15-26所示。

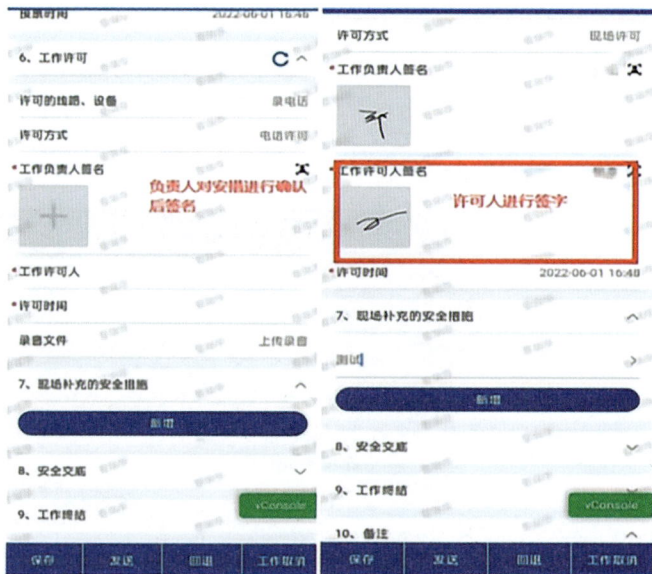

图15-26　工作许可人许可

（六）执行

工作负责人登录账号，进入数字工作票界面，选择【待办事项】进入待办事项列表，选择需要执行的工作票，点击进入工作票编辑界面。工作负责人先在安全交底下面的班前会照片进行上传，再进行小组成员签名，最后点击【开工】，如图15-27所示。

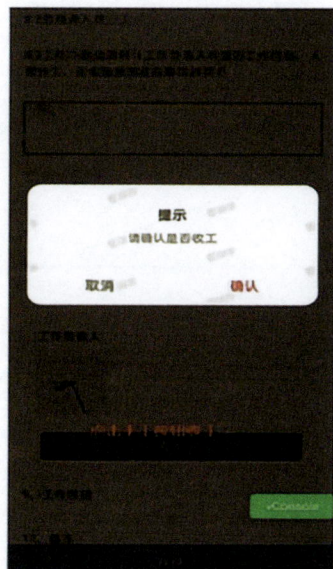

图15-27　工作票开工

　　小组负责人登录账号，进入工作任务单详情界面，上传班前会照片，再进行小组成员签名，然后点击【开工】，如图15-28所示。

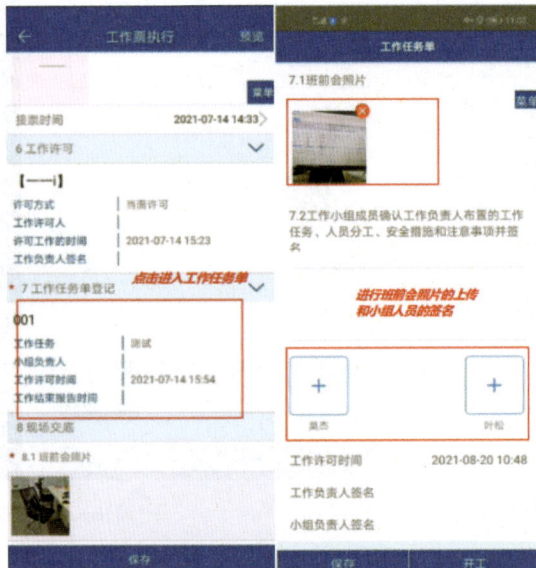

图15-28　工作任务单开工

待工作完成之后，小组负责人点击【收工】，并上传班后会照片之后保存，之后返回到主票面，再点击一次【保存】。所有小组任务收工后，工作负责人可以点击【收工】并发送到下一环节，如图15-29、图15-30所示。

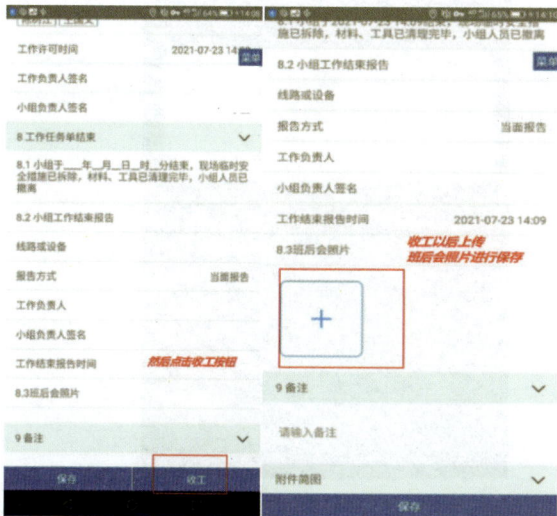

图15-29　工作收工

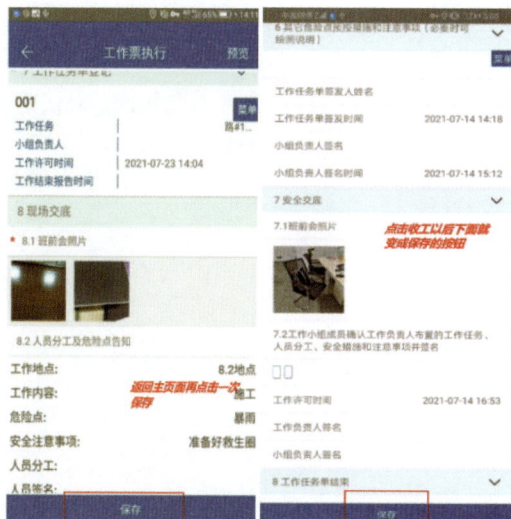

图15-30　工作收工转发

（七）工作终结

　　登录工作负责人账号，进入数字工作票界面，选择【待办事项】进入待办事项列表，选择需要工作终结的工作票，点击进入工作票编辑界面。工作负责人登录后点击【待办事项】，进入待办事项页面，点击工作票，进入工作票详情页面。确认现场情况，点发送到票终结，如图15-31所示。

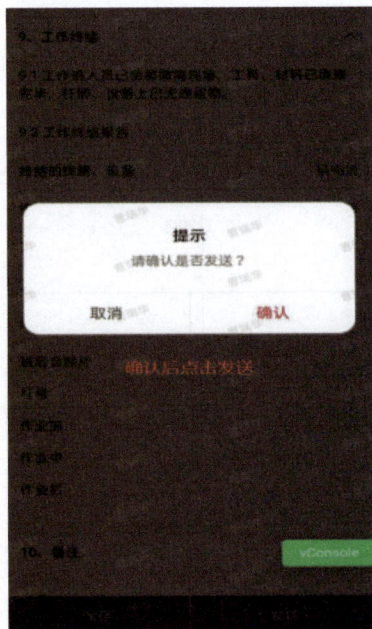

图15-31　工作终结

（八）工作票终结

登录工作负责人账号，进入数字工作票界面，选择【待办事项】进入待办事项列表，选择需要票终结的工作票，点击进入工作票编辑界面。

工作负责人和许可人各自登录后，点击【待办事项】，进入待办事项页面，点击工作票，进入工作票详情页面，工作负责人对工作终结报告中工作负责人进行签名。工作许可人对工作终结报告许可人进行签名。在填写班后会照片后，点击【发送】，窗口关闭，提示票终结成功。

工作票归档：负责人和许可人全部确认后，点击【发送】，票归档，操作完成，如图15-32所示。

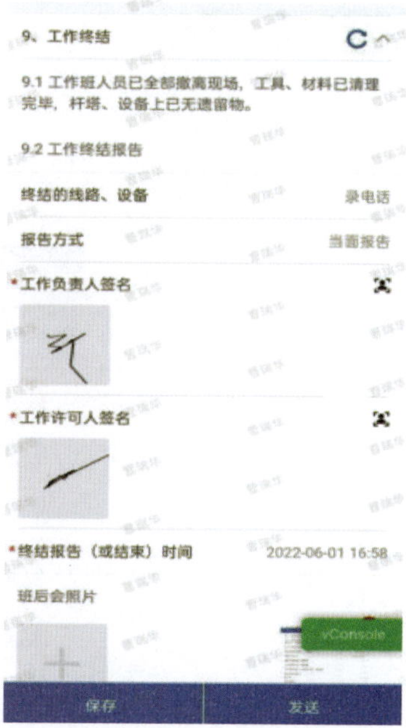

图15-32　工作票终结

二　配电第二种工作票

（一）开票

进入数字工作票界面，选择【配电第二种工作票】进入开票界面，填写相关信息，带红色*的为必填项，如图15-33所示。

图15-33　工作票界面

关联检修周计划和现场勘察单，点击【关联】后【确定】，如图15-34所示。

图15-34 关联周计划和现场勘察单

　　填写工作班组人员（不包括工作负责人），可以在选择界面上方根据姓名或者工号查询，也可以点击组织选择其他组织成员。选择完毕后，点击【确定】，如图15-35所示。

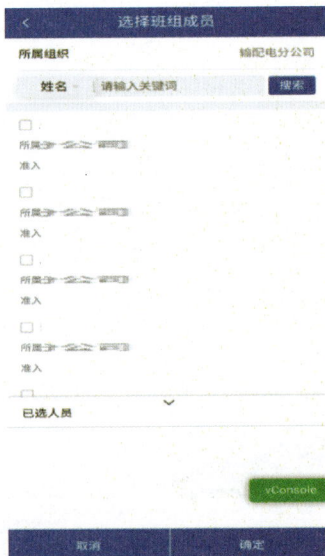

图15-35　填写工作班组人员

如果有小组任务，可以填写工作任务单，点击【新增】，在跳转的工作任务单中输入相应小组任务信息，填写对应的负责人、工作班成员、工作任务、计划时间等信息，带红色*的为必填项。填写完成后点击【保存】，如图15-36所示。

图15-36　新增工作任务单

　　选择计划工作时间，必须选择次日开始的时间，选择好计划工作开始时间和结束时间。填写工作条件和安全措施，点击【新增】，可以在出现的输入框中输入安全措施内容，也可以点击右边的箭头进行导入，有多个安全措施可以继续点击【新增】。填写工作许可，点击【新增】，输入相应的许可信息，如图15-37所示。

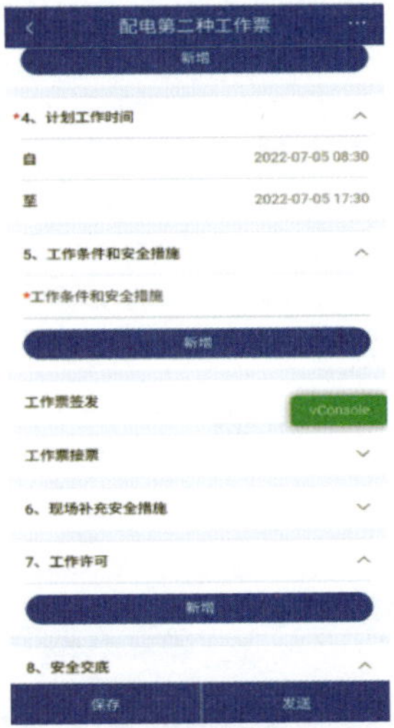

图15-37　选择计划工作
时间及安全措施

　　填写安全交底的危险点人员分工，点击【新增】，可以在出现的输入框中输入工作地点、工作内容、危险点、注意事项、分工人员。有多个人员分工可以继续点【新增】。填写现专责监护人，点击【新增】，可以在出现的输入框中输入监护内容和监护人。有多个需要专责监护人可以继续点【新增】，如图15-38所示。

图15-38　填写人员分工及专责监护人

填写其他事项，不超过1000字。上传附件，选择附件分类后，点击【上传】，如图15-39所示。

图15-39　填写其他事项及附件上传

上述内容填写完成后，点击【保存】，然后点击选择签发人后发送，如图15-40所示。

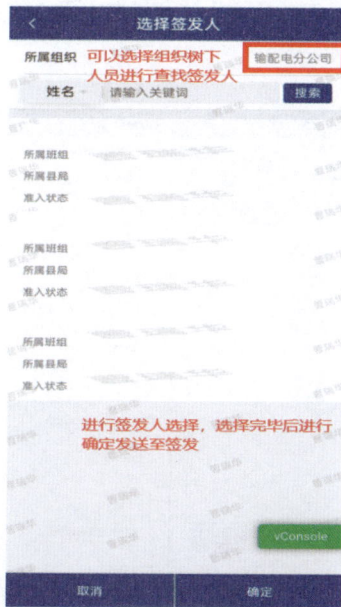

图15-40　保存提交签发

（二）签发

登录签发人账号，进入数字工作票界面，选择【待办事项】进入待办事项列表，选择需要签发的工作票，点击进入工作票编辑界面，如图15-41所示。

图15-41　签发人登录

进入工作票详情界面，选择对应的工作票，点击签发人签名进行签名，签发之后，点击发送，弹窗提示是否确认发送点击确认，然后进行许可班组的选择，点击【确认】以后弹出提示是否进行第二签发，点击【是】，如图15-42所示。

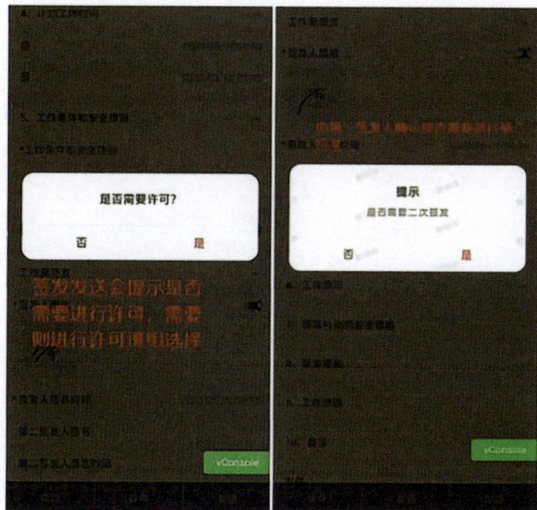

图15-42　签发人签发

　　如果需要进行第二签发，则选择第二签发人进行第二签发，如图15-43所示。

　　登录第二签发人账号，进入数字工作票界面，选择【待办事项】进入待办事项列表，选择需要签发的工作票，点击进入工作票编辑界面。由第二签发人进行票面审核并签发工作票。如果有信息需要修改，可以点【回退】到编制环节后修改内容，如图15-44所示。

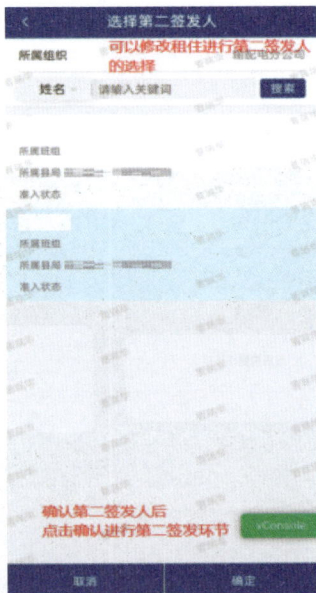

图15-43　选择第二签发人

图15-44　第二签发人签发

（三）接票

登录工作负责人账号进行接票。工作负责人进入"i国网"→数字配网→工作票→待办事项界面，找到待接票的这张票，点击进入票面。在【工作负责人签名】处进行签名，之后上传附件，点击【保存】，再点击【发送】将票发送到下一个环节。如果有信息需要修改，可以点击【回退】到编制环节后修改内容。如果因某些原因需要取消工作，点击【工作取消】（注意工作取消后票直接归档并无法再关联原来的计划），如图15-45所示。

图15-45　工作负责人接票

（四）许可

登录账号，进入数字工作票界面，选择【待办事项】进入待办事项列表，选择需要许可的工作票，点击进入工作票编辑界面。工作负责人和工作许可人分别进行工作许可，进行安全措施打勾确认并签名（任意一方签完名后需要先点【保存】），之后在最下面【附件】一栏上传安全措施布置附件，许可人和负责人都签完名后，任意一方都可以点【发送】使票进入下一环节。许可进行需要终端绑定，点击右上角扫一扫进行设备绑定。如果有信息需要修改，可以点【回退】到编制环节后修改内容。如果因某些原因需要取消工作，点击【工作取消】（注意工作取消后票直接归档并无法再关联原来的计划），如图15-46所示。

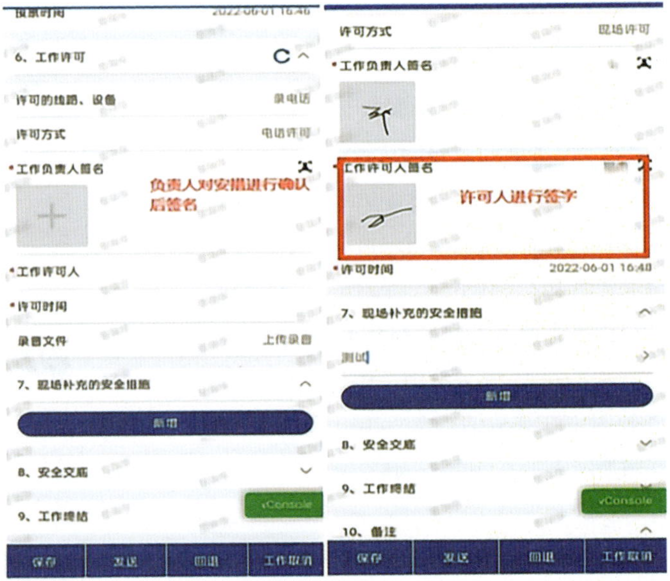

图15-46 工作许可人许可

（五）执行

工作负责人登录账号，进入数字工作票界面，选择【待办事项】进入待办事项列表，选择需要执行的工作票，点击进入工作票编辑界面。工作负责人先在安全交底下面的班前会照片进行上传，再进行小组成员签名，再点击【收工】，如图15-47所示。

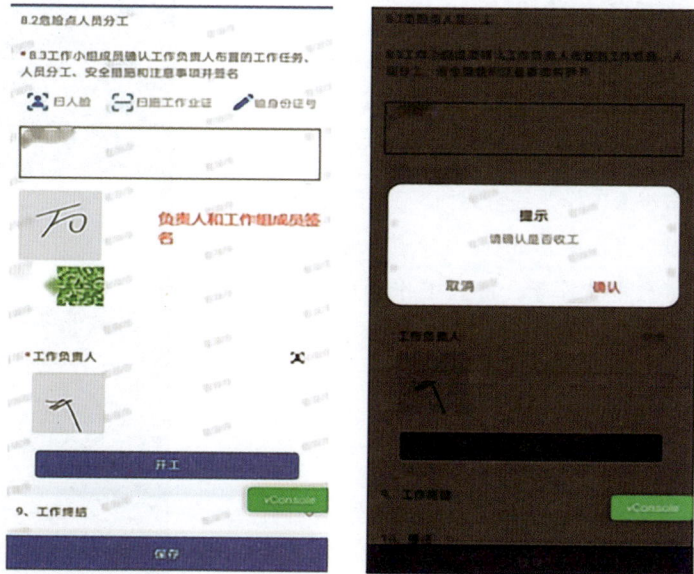

图15-47　工作票收工

（六）工作终结

　　登录工作负责人账号，进入数字工作票界面，选择【待办事项】进入待办事项列表，选择需要工作终结的工作票，点击进入工作票编辑界面。工作负责人登录后点击待办事项，进入待办事项页面，点击工作票，进入工作票详情页面。确认现场情况，点发送到票终结，如图15-48所示。

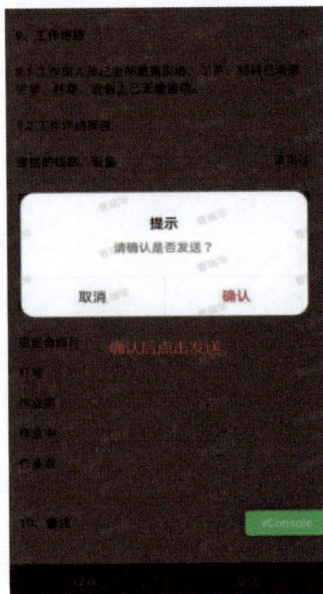

图15-48　工作终结

（七）工作票终结

登录工作负责人账号，进入数字工作票界面，选择【待办事项】进入待办事项列表，选择需要票终结的工作票，点击进入工作票编辑界面。工作负责人和许可人各自登录后，点击【待办事项】，进入待办事项页面，点击工作票，进入工作票详情页面，工作负责人对工作终结报告中工作负责人进行签名。工作许可人在工作终结报告许可人处签名。在填写班后会照片后，点击【发送】，窗口关闭，提示票终结成功。

工作票归档：负责人和许可人全部确认后，点击【发送】，票归档，操作完成，如图15-49所示。

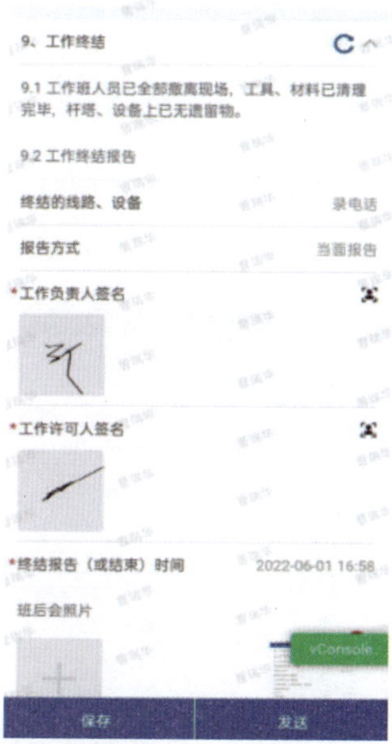

图15-49　工作票终结

三　配电带电作业工作票

（一）工作票编制

在数字工作票模块点击配电带电作业工作票进入票面编制，带*为必填项，完成后点击【发送】进入签发环节（带电抢修票无需关联周计划），如图15-50所示。

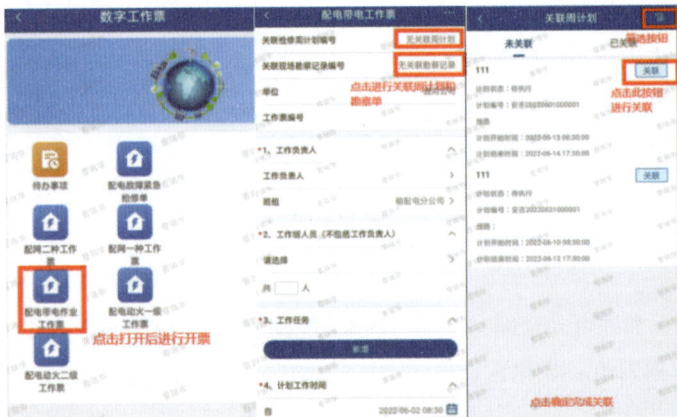

图15-50　工作票编制

（二）工作票签发

登录签发人的工号进入工作票详情界面，点击【待办事项】，选择对应的工作票进行签发人签名，点击【发送】，选择【许可班组】，是否双签发，点击【发送】，到第二签发，如图15-51所示。

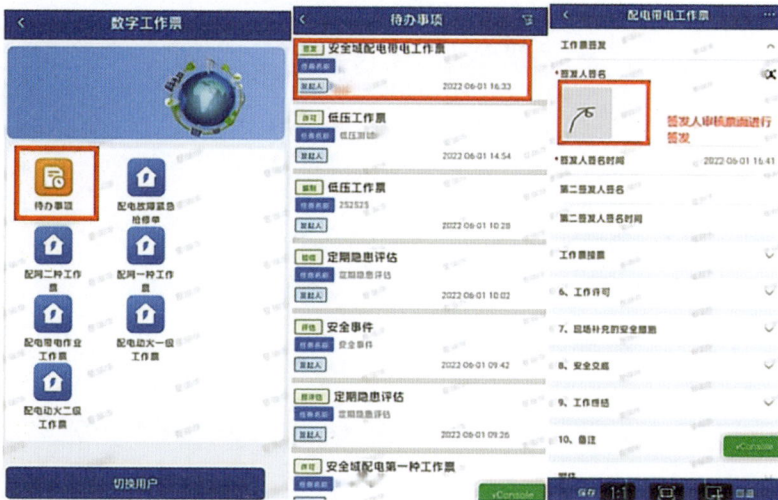

图15-51　工作票签发

登录第二签发人的工号，点击【待办事项】选择对应的工作票，进行签发人签名，点击【发送】，到接票环节，如图15-52所示。

图15-52　工作票第二签发

（三）负责人接票

登录工作负责人的工号，点击【待办事项】选择对应的工作票进行负责人签名，点击【发送】，到许可环节，如图15-53所示。

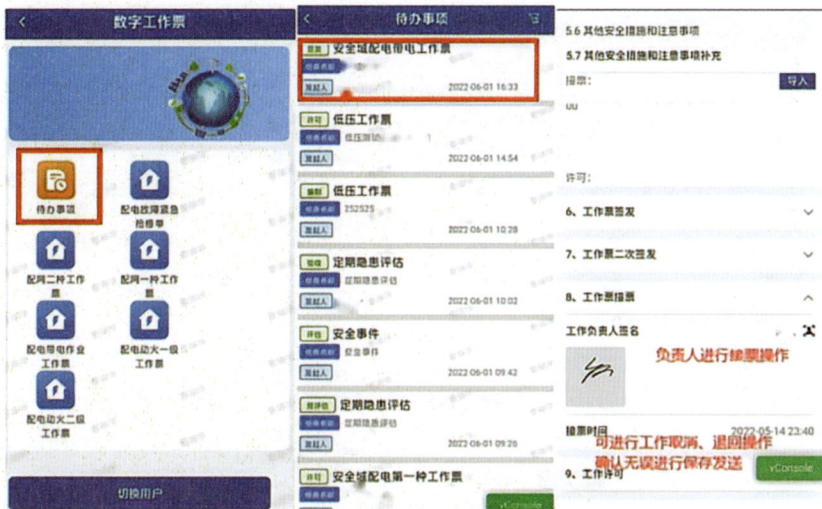

图15-53　负责人接票

（四）工作票许可

登录负责人的工号完成签名点击【保存】，登录许可人的工号进行许可签名并上传安全措施布置附件（如是电话许可无需登录许可人，只需选择许可人即可），如图15-54所示。

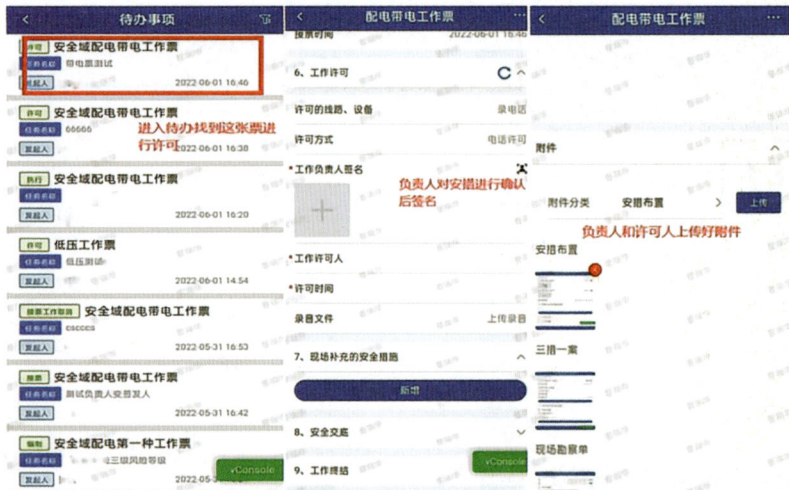

图15-54　工作票许可

　　登录负责人的工号选择【待办事项】完成工作负责人签名和班组成员签名，上传班前会照片，点击【开工】，工作完成后点击【收工】自动进入工作终结环节，如图15-55所示。

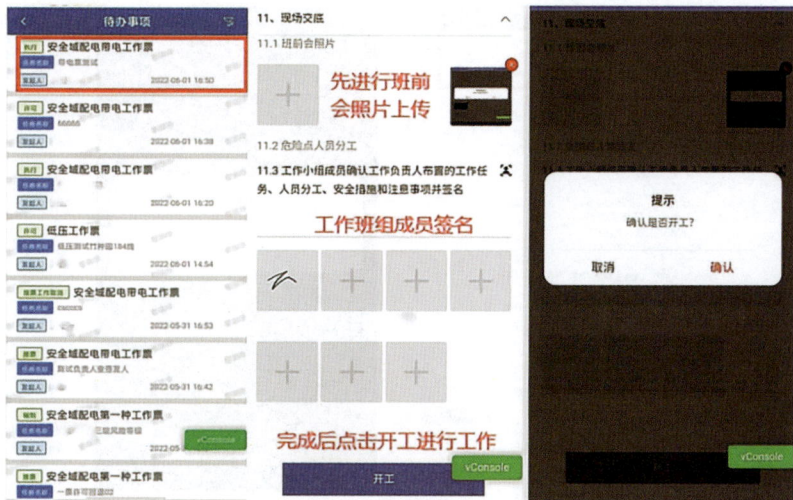

图15-55　工作票开工

（五）工作终结

工作负责人登录后点击【待办事项】，进入待办事项页面，点击工作票，进入工作票详情页面。确认现场情况，点击【发送】，到票终结，如图15-56所示。

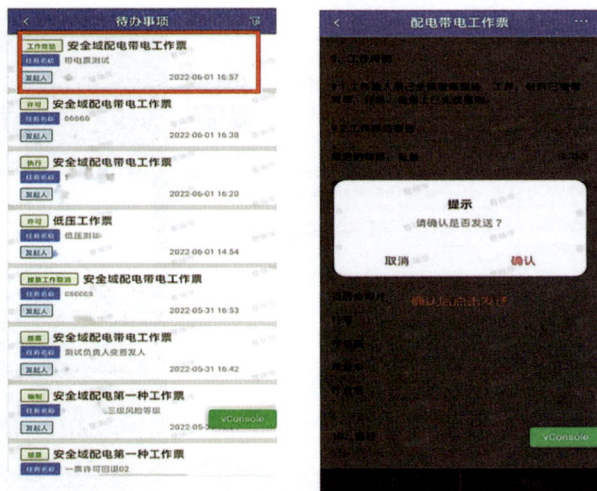

图15-56　工作终结

（六）工作票终结

工作负责人和许可人各自登录后，点击【待办事项】，进入待办事项页面，点击工作票，进入工作票详情页面，工作负责人对工作终结报告中工作负责人进行签名。工作许可人对工作终结报告许可人进行签名。在填写班后会照片后，点击【发送】，窗口关闭，提示票终结成功，工作票自动归档，如图15-57所示。

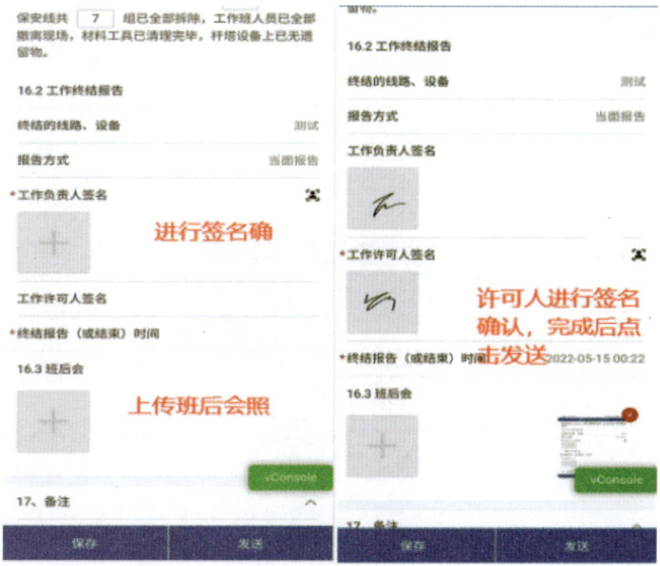

图15-57 工作票终结

四　配电故障紧急抢修单

（一）编制

在数字工作票模块点击配电故障紧急抢修单进入票面编制，带*为必填项，完成后点击【发送】进入接票环节，如图15-58所示。

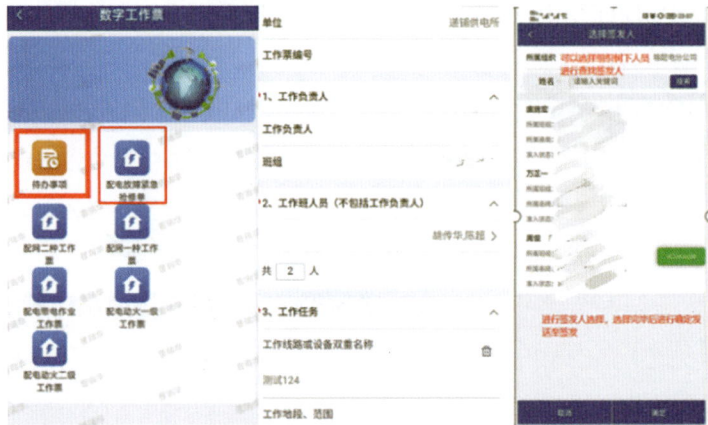

图15-58　数字配网模块登录

（二）接票

登录工作负责人的工号，点击【待办事项】选择对应的工作票进行负责人签名点击【发送】，到许可环节，如图15-59所示。

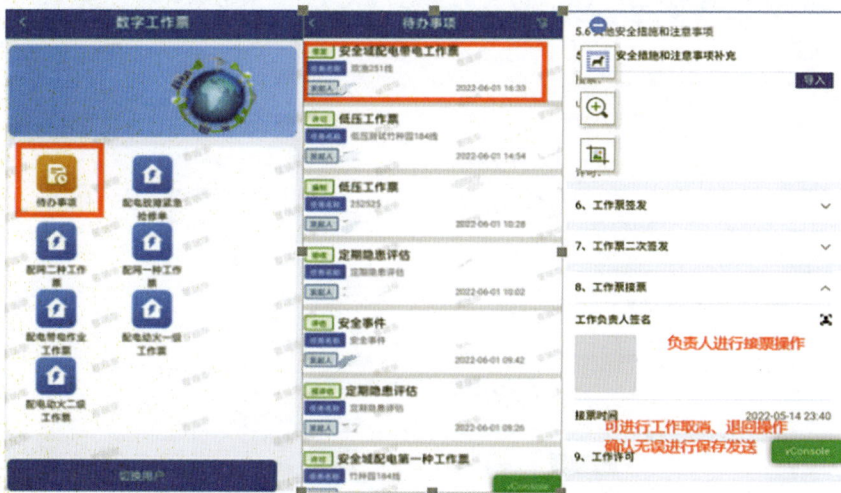

图15-59 工作票界面

（三）许可

登录负责人的工号完成签名，点击【保存】，登录许可人的工号进行许可签名和上传安全措施布置附件（如是电话许可无需登录许可人，只需选择许可人即可），如图15-60所示。

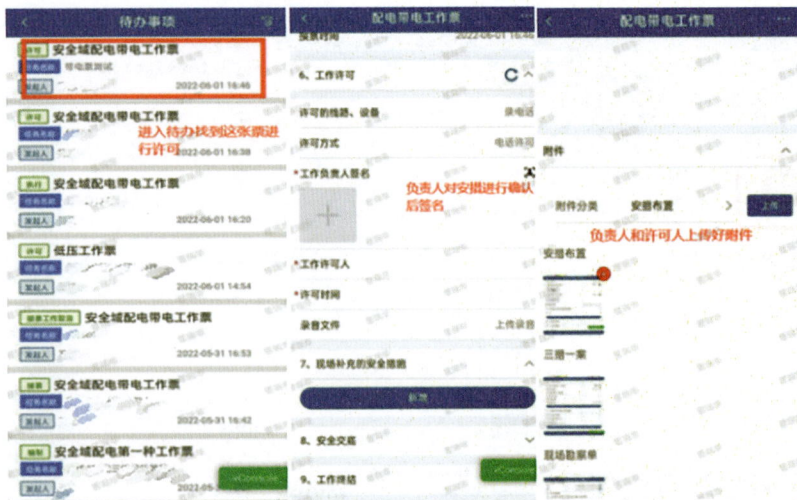

图15-60　工作票界面

（四）执行

登录负责人的工号选择【待办事项】完成工作负责人签名和班组成员签名，上传班前会照片，点击【开工】，工作完成后点击【收工】自动进入工作终结环节，如图15-61所示。

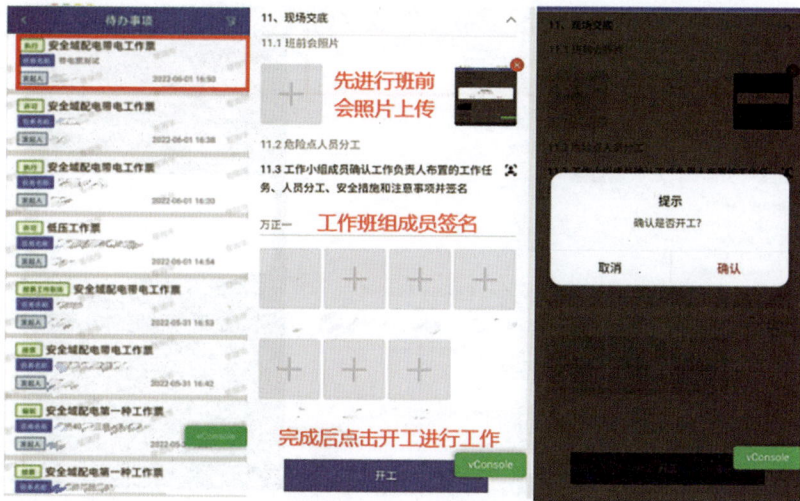

图15-61 工作票开工

（五）工作终结

工作负责人登录后点击【待办事项】，进入待办事项页面，点击工作票，进入工作票详情页面。确认现场情况，点发送到票终结，如图15-62所示。

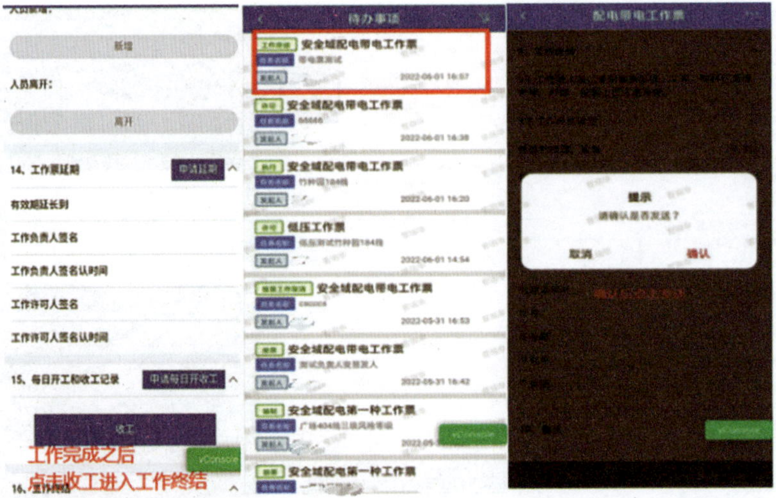

图15-62　工作终结

（六）工作票终结

工作负责人和许可人各自登录后，点击【待办事项】，进入待办事项页面，点击工作票，进入工作票详情页面，工作负责人在工作终结报告中的工作负责人签名，工作许可人在工作终结报告许可人处签名。在填写班后会照片后，点击【发送】，窗口关闭，提示票终结成功，如图15-63所示。

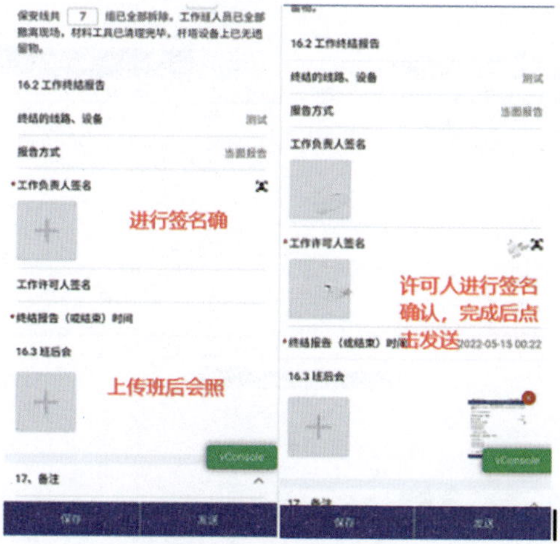

图15-63　工作票终结

五　配电低压工作票

（一）编制

选择数字工作票模块，点击【低压工作票】进入票面编制，带*为必填项，完成后点击【发送】进入签发环节（低压工作票支持不关联周计划发送），如图15-64所示。

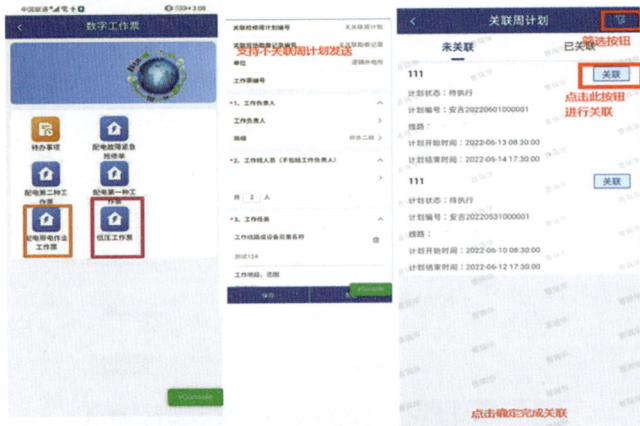

图15-64　数字配网模块登录

（二）签发

登录签发人的工号进入工作票详情界面，点击【待办事项】，选择对应的工作票进行签发人签名，点击【发送】，选择"许可班组"是否双签发，点击发送到第二签发，如图15-65所示。

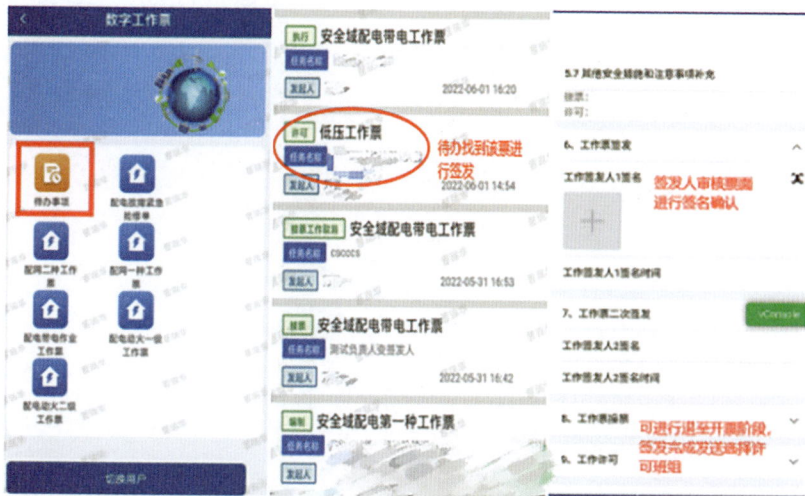

图15-65　工作票界面

（三）第二签发

登录第二签发人的工号，点击【待办事项】，选择对应的工作票进行签发人签名，点击【发送】，到接票环节，如图15-66所示。

图15-66　工作票界面

（四）接票

登录工作负责人的工号，点击【待办事项】，选择对应的工作票，进行负责人签名，点击【发送】，到许可环节，如图15-67所示。

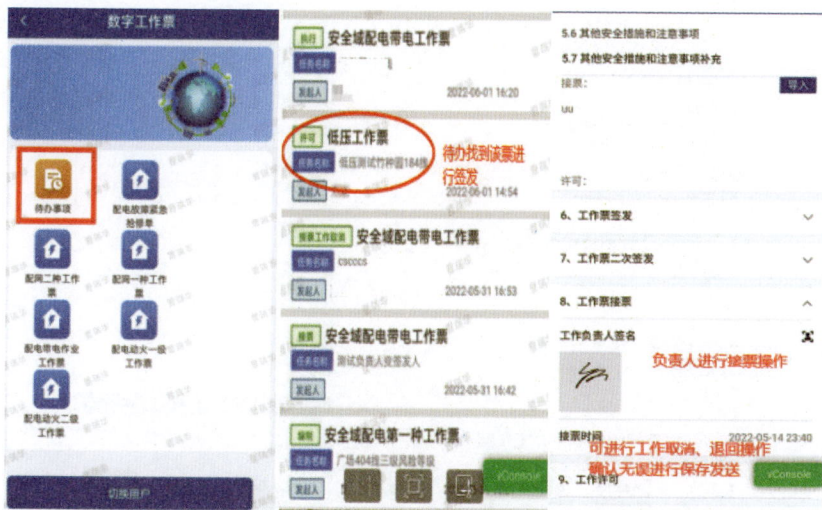

图15-67　工作票界面

（五）许可

登录负责人的工号，完成签名，点击【保存】，登录许可人的工号进行许可签名和上传安全措施布置附件（如是电话许可无需登录许可人，只需选择许可人即可），如图15-68所示。

图15-68　工作票签发

（六）执行

登录负责人的工号选择【待办事项】，完成工作负责人签名和班组成员签名，上传班前会照片，点击【开工】，工作完成后点击【收工】自动进入工作终结环节，如图15-69所示。

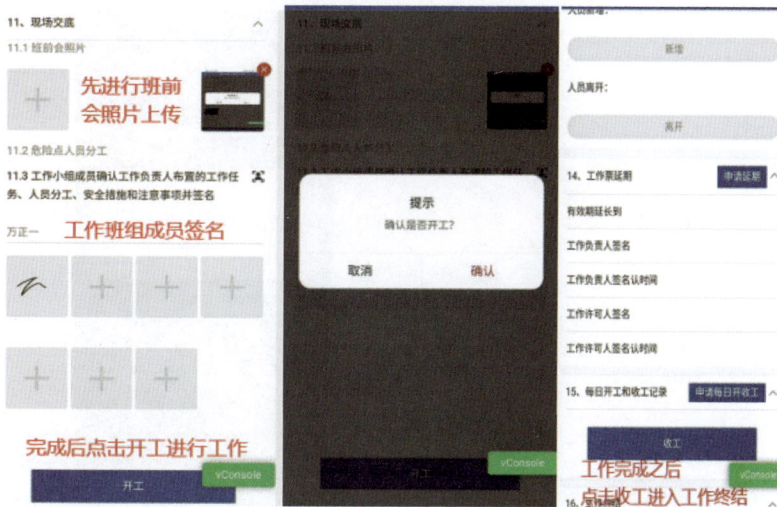

图15-69　工作票开工

（七）工作终结

工作负责人登录后点击【待办事项】，进入待办事项页面，点击工作票，进入工作票详情页面。确认现场情况，点击【发送】，到票终结，如图15-70所示。

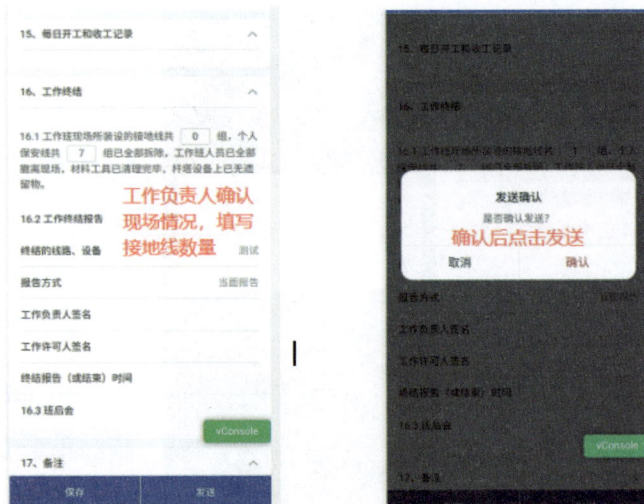

图15-70　工作终结

（八）工作票终结

工作负责人和许可人各自登录后，点击【待办事项】，进入待办事项页面，点击工作票，进入工作票详情页面，工作负责人对工作终结报告中工作负责人进行签名。工作许可人对工作终结报告许可人进行签名。在填写班后会照片后，点击【发送】窗口关闭，提示票终结成功，工作票归档，如图15-71所示。

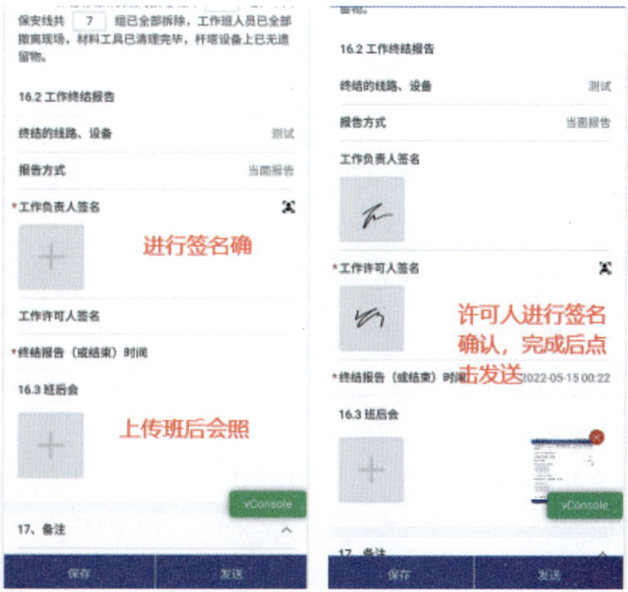

图15-71　工作票终结

第十六章　配电网操作票管理

　　操作票是将工作票执行前操作的内容内容结构化，涉及操作任务、操作内容、操作人等，填写后可自动生成操作票，通过手机"i国网"App流转执行，可上传操作票附件等。

一　操作票开票与审核

（一）操作票开票

　　【操作票开票】页中主要是展示每个用户的账号下新建立的操作票，包括操作票状态、操作时间、操作人员、数据来源等，如图16-1所示。

　　①点击【单位】下拉框，下拉列表中列出当前登录用户下的所有县局，默认当前账号所属单位。

　　②点击【供电所】下拉框，下拉列表中列出当前登录用户下的所有供电所，默认当前账号所属供电所。

　　③点击【票状态】下拉框，下拉列表包括全部、操作票开票、操作票审核、审核不通过、操作票回填、结束六种状态，默认显示"操作票开票"一项。

　　④点击【电站/线路】输入框，输入要查询电站/线路的内容，支持文字模糊查询。

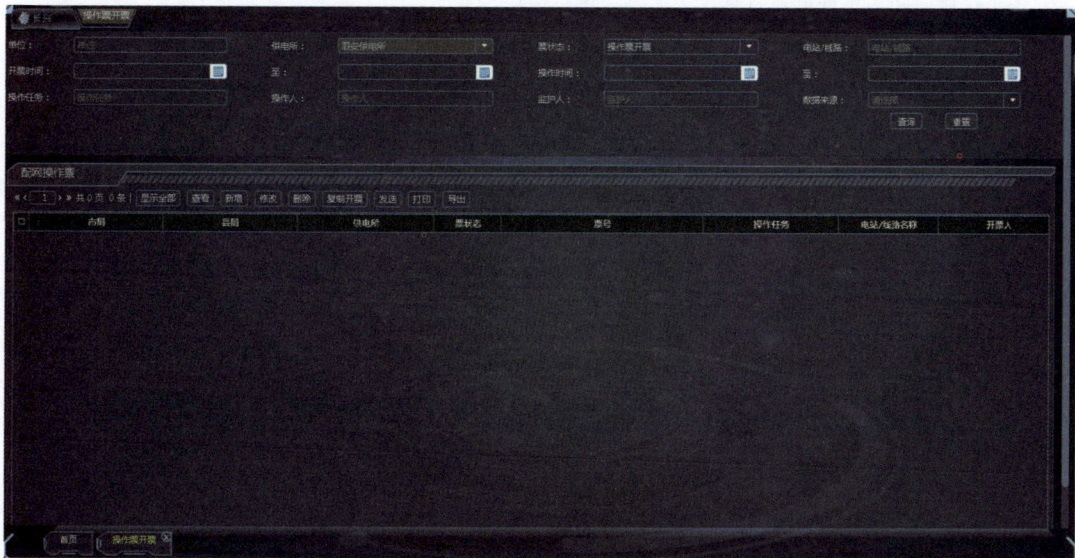

图16-1 操作票开票

⑤点击【开票时间】选择框，选择一个时间段进行操作票查询。

⑥点击【操作时间】选择框，选择一个时间段进行操作票查询。

⑦点击【操作任务】输入框，输入要查询操作任务的内容，支持文字模糊查询。

⑧点击【操作人】输入框，输入要查询操作人的内容，支持文字模糊查询。

⑨点击【监护人】输入框，输入要查询监护人的内容，支持文字模糊查询。

⑩点击【数据来源】下拉框，下拉列表包括全部、PC、运检管控App、"i国网"App四种状态，默认显示空白。

（二）操作票新增

点击【新增】，即可关联检修周计划，如图16-2所示。

①点击【单位】下拉框，下拉列表中列出根据当前登录用户下的所有县局，默认当前账号所属单位。

②点击【计划状态】下拉框，下拉列表包括全部、待执行、已开工、已完工、已评价五种状态，默认显示"待执行"一项。

③点击【计划大类】下拉框，下拉列表包括全部、停电计划、不停电计划、其他生产计划四种状态，默认显示"全部"一项。

④点击【计划来源】下拉框，下拉列表包括全部、月计划、临时计划三种状态，默认显示"全部"一项。

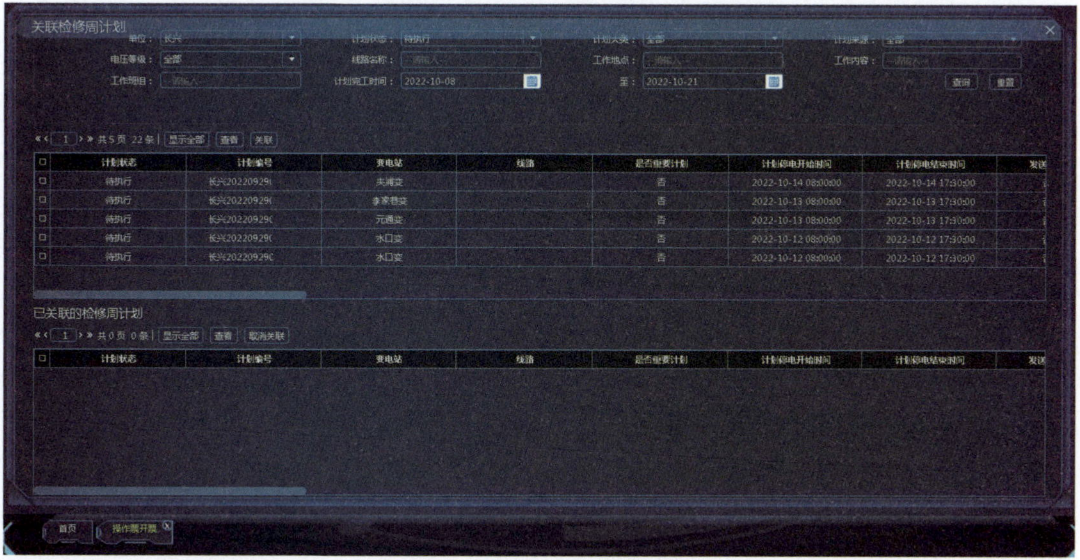

图16-2 操作票关联检修周计划

⑤点击【电压等级】下拉框，下拉列表包括全部、380V（含400V）、10kV三种状态，默认显示"全部"一项。

⑥点击【计划来源】下拉框，下拉列表包括全部、月计划、临时计划三种状态，默认显示"全部"一项。

⑦点击【线路名称】输入框，输入要查询线路名称的内容，支持文字模糊查询。

⑧点击【工作地点】输入框，输入要查询工作地点的内容，支持文字模糊查询。

⑨点击【工作内容】输入框，输入要查询工作内容，支持文字模糊查询。

⑩点击【工作班组】输入框，输入要查询工作班组的内容，支持文字模糊查询。

⑪点击【计划完工时间】选择框，选择一个时间段进行检修周计划查询。

（三）操作票编辑

选择一个检修周计划，勾选后，点击【关联】，被关联的检修周计划即跳转至"已关联的检修周计划"模块中，并生成一张无操作任务、无操作内容的空白操作票，如图16-3所示。如关联错误的检修周计划，也可在"已关联的检修周计划"中选中，取消关联即可。

①点击【返回】，退出当前编辑操作票。

②点击【保存】，提示添加成功，即可保存当前编辑操作票内容（预令、操作任务、操作步骤填写好以后）。

③点击【关联检修周计划】，如操作票未关联检修周计划，可在此处关联；如果已关联检修周计划，可在此处查看、修改检修周计划。

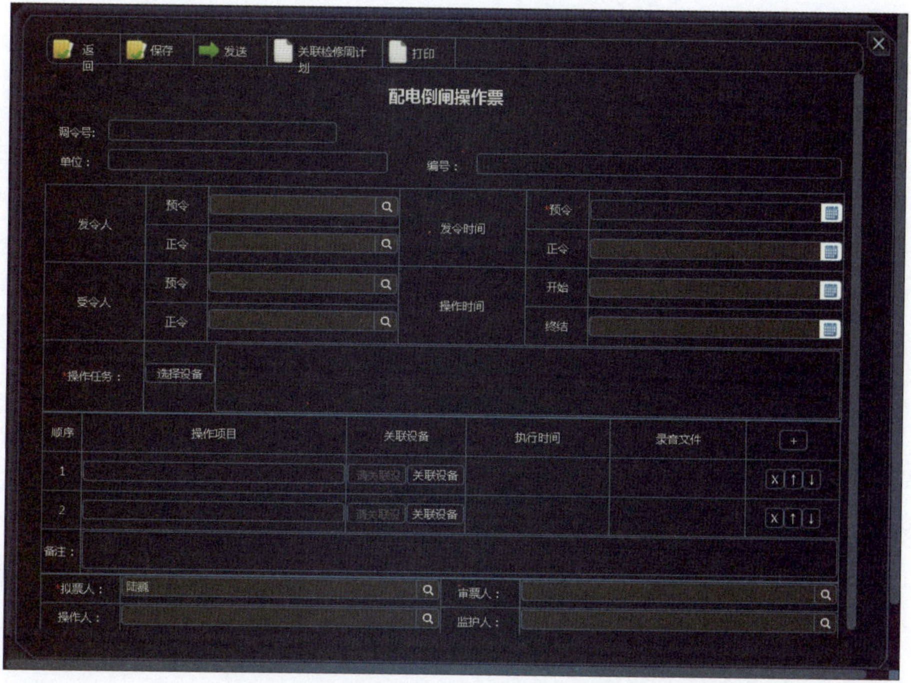

图16-3   无操作任务、无操作内容的空白操作票

④点击【打印】，打印、预览当前编辑操作票（预令、操作任务、操作步骤填写好以后）。

⑤【单位】默认当前账号所属供电所。

⑥【编号】系统自动生成，逐张排序，无需手工填写。

⑦点击【预令】选择框，选择操作票预令时间。

⑧点击【操作任务—选择设备】选择框，选择关联检修周计划线路下所要操作的设备，并输入操作任务内容。

⑨点击【＋】框，增加操作项目步骤。

⑩点击【×】框，删除当前操作项目。

⑪点击【↑】框，上移当前操作项目。

⑫点击【↓】框，下移当前操作项目。

⑬点击【关联设备】选择框，选择当前操作项目相关联的设备。

⑭【拟票人】默认当前账号人员。

（四）操作票查看

勾选一张已开好的操作票，点击【查看】，可查看选中操作票编号、操作票的内容、关联的检修周计划、打印选中操作票、另存为模版、上传纸质票面等信息，不可修改操作票内容，如图16-4所示。

①点击【返回】，退出查看操作票。

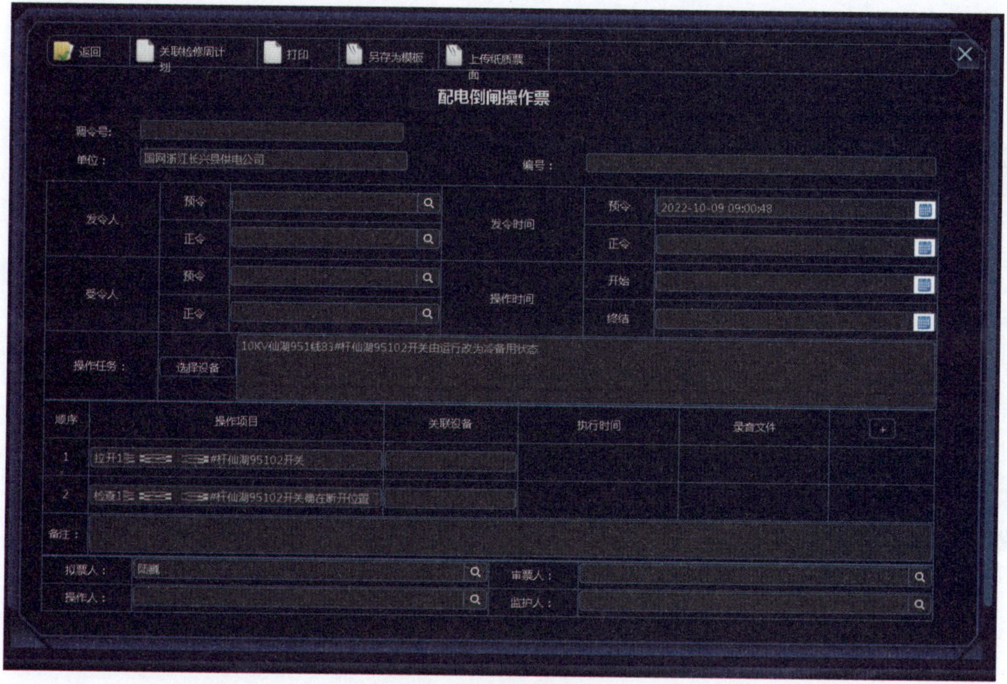

图16-4　查看操作票内容

②点击【关联检修周计划】，可在此处查看已关联的检修周计划等信息。

③点击【打印】，打印、预览当前编辑操作票（预令、操作任务、操作步骤填写好以后）。

④点击【另存为模板】，将当前操作票存为模板。

（五）操作票修改

勾选一张已开好的操作票，点击【修改】，进入修改工作票界面，可对预令时间、操作任务、操作项目等信息进行修改，点击【保存】，提示修改成功，如图16-5所示。

①点击【返回】，退出修改操作票。

②点击【发送】，将当前操作票发送至下一步—操作票审核环节。

③点击【删除】，删除当前操作票。

④点击【关联检修周计划】，可在此处查看已关联的检修周计划等信息。

⑤点击【打印】，打印、预览当前编辑的操作票。

⑥点击【另存为模板】，将当前操作票存为模板。

⑦点击【导入操作票模板】，导入已保存好的模板进行修改。

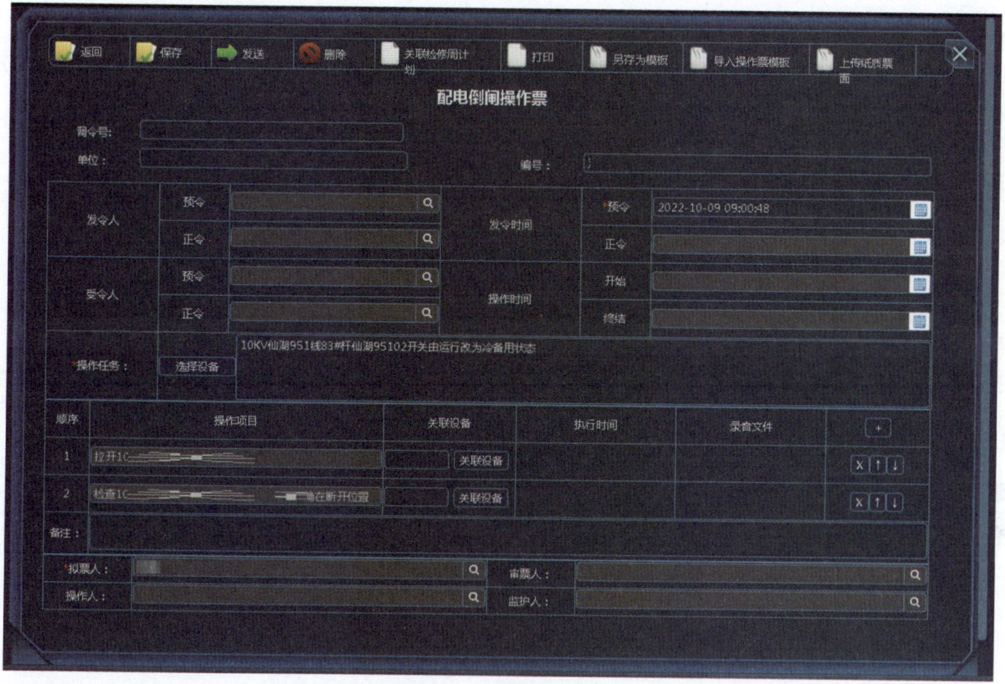
返回
保存
发送
删除
关联检修周计划
打印
另存为模板
导入操作票模板
上传纸质票面
配电倒闸操作票
调令号:
单位：
编号：
发令人
预令
正令
发令时间
*预令
2022-10-09 09:00:48
正令
受令人
预令
正令
操作时间
开始
终结
*操作任务：
选择设备
10KV仙湖951线83#杆仙湖95102开关由运行改为冷备用状态
顺序
操作项目
关联设备
执行时间
录音文件
1
关联设备
2
关联设备
备注：
*拟票人：
审票人：
操作人：
监护人：

图16-5　修改操作票

（六）操作票删除

选中一张开票状态下的操作票，点击【删除】按钮，弹出提示信息：确认删除记录吗？ 点击【确认】即可删除成功，点击【取消】，放弃删除。

（七）操作票复制

选中一张任意状态的操作票，点击【复制开票】，可以复制出一张开票状态的工作票，票状态为工作票开票、票号重新生成、开票时间为当前时间，其他内容与被复制的票相同。

（八）操作票发送

选中一张开票状态下的操作票，点击【发送】，将操作票发送至操作票审核环节。

（九）操作票打印

选中一张任意状态的操作票，点击【打印】，选择所需打印的纸张大小，打开打印预览页面，点击【打印】，将操数字化操作票面进行打印。

（十）操作票导出

选中一张任意状态的操作票，点击【导出】，导出操作票相关信息。

（十一）操作票审核

【操作票审核】页中主要是展示每个用户的账号下已建立、待审核的操作票，包括操作票状态、操作时间、操作人员、数据来源等，如图16-6所示。

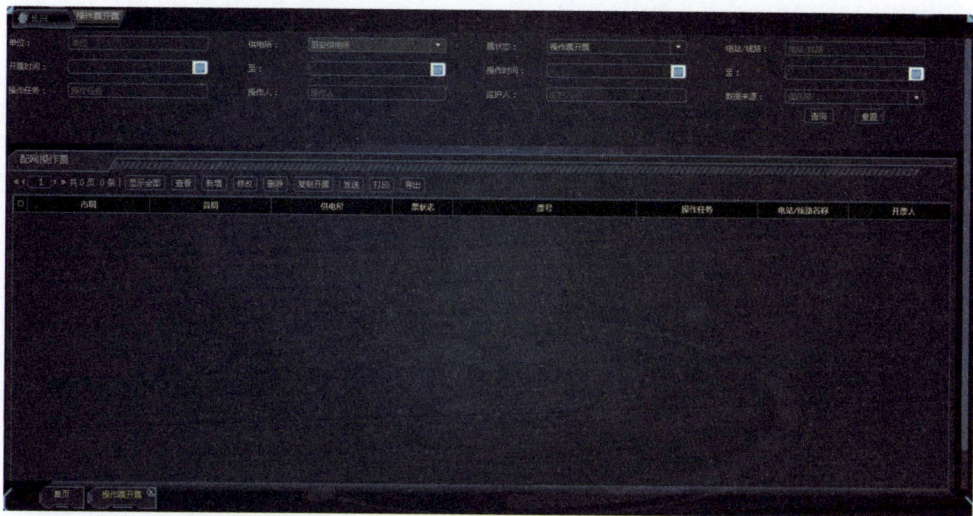

图16-6 操作票审核

操作票【状态】默认为"操作票审核"，其余相同操作内容与【操作票开票】模块一致，此处不做多余赘述。

（十二）操作票查看

选中一张审核状态下的操作票，点击【查看】按钮，可以查看选中的操作票内容，只能查看，不能修改，如图16-7所示，其余相同操作内容与【操作票开票】模块一致，此处不做多余赘述。

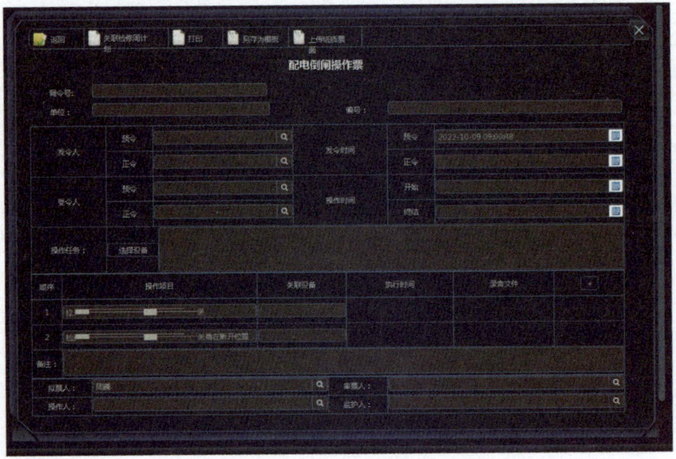

图16-7　操作票内容

（十三）操作票审核

选中一张待审核操作票，点击【审核】，不可修改操作票操作任务、操作项目、预令时间，可修改操作票关联的检修周计划、导入审票人等信息等相关内容，如图16-8所示。

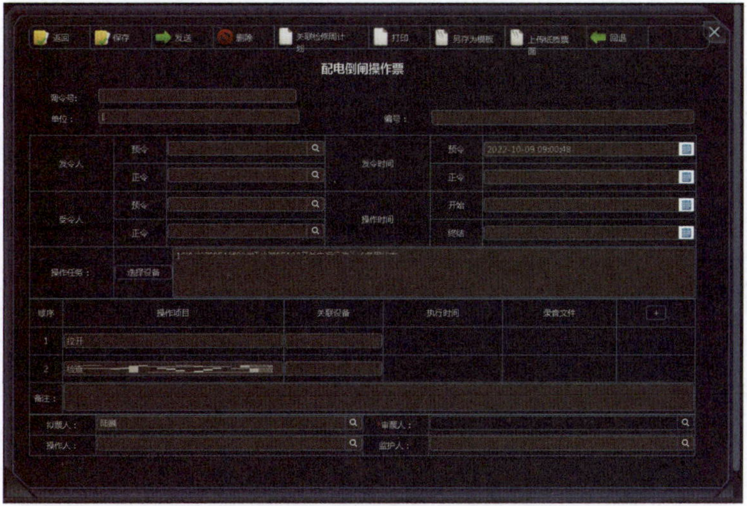

图16-8 操作票审核详细页面

（1）点击【返回】，退出当前操作票审核。

（2）点击【保存】，提示保存成功后，保存当前操作票内容。

（3）点击【删除】，删除当前审核操作票。

（4）点击【关联检修周计划】，如操作票未关联检修周计划，可在此处关联；如果已关联检修周计划，可在此处查看、修改。

（5）点击【打印】，预览打印当前审核状态下的操作票。

（6）点击【另存为模板】，重新将当前操作票存为模板。

（7）点击【上传纸质票面】查看上传的纸质票面附件。

（8）点击【回退】，导入审票人，将回退原因填写好后，【确定】将当前待审核操作票退回至操作票开票阶段，【取消】将取消回退。

（9）点击【审票人】选择框，跳出人员选择选项框，此处为当前账号所属单位具备"审票人"资质的全部人员，包含人员的单位、人员工号、身份证号、姓名、负责人权限等个人详细信息，在此处也可对人员工号、人员名称等信息进行查询，如图16-9所示。

①点击【单位】下拉框，下拉列表包括"全部"及各个基层单位，默认显示当前账号所属供电所。

②点击【班组】输入框，输入要查询班组的名称，支持文字模糊查询。

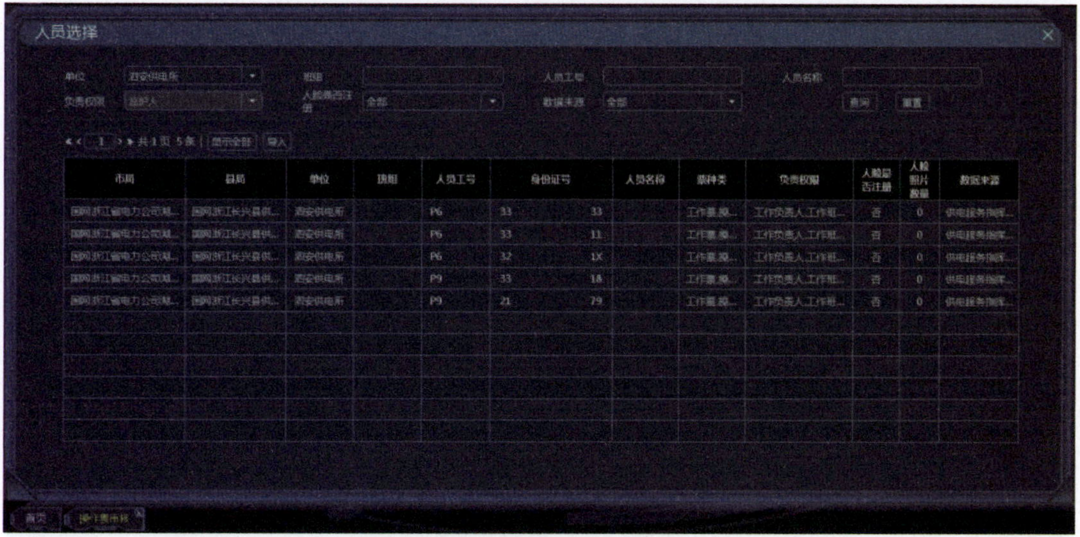

图16-9 操作票审核人员选择

③点击【人员工号】输入框，输入要查询人员的工号，支持文字模糊查询。

④【负责人权限】框，默认为"监护人"。

⑤点击【人脸是否注册】下拉框，下拉列表包括全部、是、否三个状态，默认显示"全部"。

⑥点击【数据来源】下拉框，下拉列表包括全部、风险管控系统、供电服务指挥系统三个状态，默认显示全部。

⑦勾选审票人，点击【导入】，即可将审票人填入。

（10）点击【发送】，发送当前审核操作票至下一操作步骤（审票人已导入）。

（十四）操作票打印

选中一张任意状态的操作票，点击【打印】，选择所需打印的纸张大小，打开打印预览页面，点击【打印】，将数字化操作票面进行打印。

（十五）操作票导出

选中一张任意状态的操作票，点击【导出】，导出操作票相关信息。

二 操作票回填

（一）系统端操作票回填

【操作票回填页面】如图16-10所示，目前操作票均以数字票形式在"i国网"中进行流转、执行、回填，无需通过网页端进行回填。

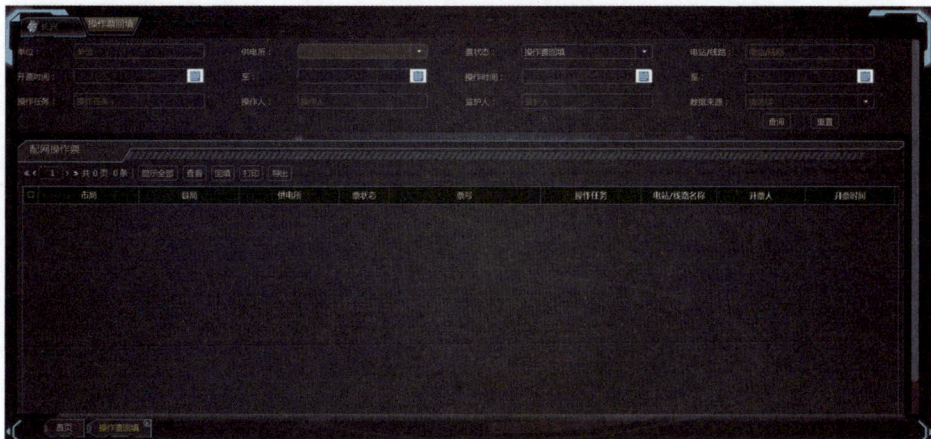

图16-10 操作票回填

（二）操作票执行

登录手机"i国网"App，在数字配网—检修作业—操作票管理模块可查看已通过审核的操作票，如图16-11所示。

①【待回填】页面显示当前未执行的操作票信息。

②【回填】页面显示当前已执行的操作票信息。

图16-11　操作票执行界面

（三）操作票详情

点击一张待执行的操作票，进入操作票详情页面，操作票详情页面显示基本信息、操作步骤、保存、发送等信息，如图16-12所示。

（四）操作票详情

操作票详情—基本信息界面中，可编辑发令人、发令信息、操作时间等内容。

（1）【单位】与操作票开票信息一致，显示当前账号主人所属县局单位。

（2）【编号】与操作票开票编号信息保持一致。

（3）【调令号】、【预令发令人】、【预令受令人】默认空白。

（4）点击【发令人】选项框，跳转到"两票人员选择页面"，如图16-13所示。勾选现场发令人，确定后导入发令人信息。

①点击【名称】输入框，输入要查询发令人员的名称，搜索人员的名称，支持文字模糊查询。

②点击【单位】输入框，输入要查询发令人员单位的名称，搜索单位的名称，支持文字模糊查询。

图16-12 待执行操作票详情

③点击【工号】输入框，输入要查询发令人员的工号，搜索查询人员的工号，支持文字模糊查询。

④点击【班组】输入框，输入要查询发令人员的班组，搜索查询人员的班组，支持文字模糊查询。

（5）点击【受令人】选项框，跳转到"两票人员选择页面"，勾选现场受令人，确定后导入受令人信息。相关输入框信息选择方式与发令人选择方式一致，此处不做多余赘述。

（6）点击【发令时间】选择框，选择发令时间。

（7）点击【操作开始时间】选择框，选择操作开始时间。

（8）点击【操作结束时间】选择框，选择操作结束时间。

（9）【操作任务】与操作票开票信息保持一致。

（10）【拟票人】、【审票人】分别为操作票开票、操作票审核阶段人员。

（11）点击【操作人】、【监护人】选择框，跳转到两票人员选择页面，勾选现场操作人、监护人，相关输入框信息选择方式与发令人选择方式一致，此处不做多余赘述。

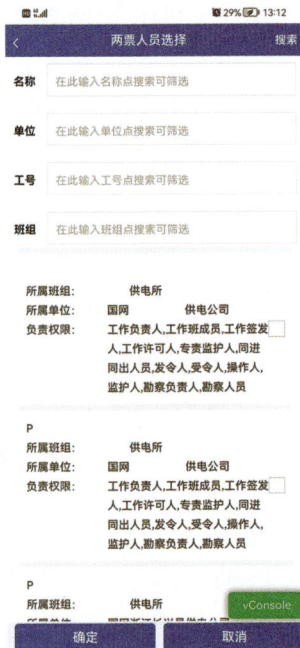

图16-13　发令人两票人员选择

（12）点击【保存】，即可保存当前票面编辑信息，提示保存、更新成功，完整的票面信息如图16-14所示。

（13）点击【发送】时，若操作步骤未完成，不可发送。

（五）操作票详情－操作步骤回填

操作票详情—操作步骤界面中会显示当前操作票未执行的操作步骤，如图16-15所示。

①点击操作步骤中的录音按键后，跳出"开始录音"，点击后开始录音，再次点击后停止录音，并将录音内容自动上传（录音时间要求超过2 s），上传成功后会提示"操作步骤1上传成功"。上传成功后，相应操作步骤后会自动【√】，录音按键旁会自动添加刚刚录好的录音文件，支持重新查听、重新录制功能。已执行完毕的操作步骤如图16-16所示。

②点击【发送】，操作步骤未完成，不可发送，操作步骤已完成，将操作票发送至操作票评价环节。已执行的操作票可在【回填】中查看。

图16-14　完整的操作票详情-基本信息界面

图16-15　操作票详情-操作步骤未执行

图16-16　操作票详情-操作步骤已执行

三　操作票评价

【操作票评价】页中主要是展示当前用户的账号下已执行、待评价的操作票，包括操作票状态、操作时间、操作人员、数据来源等信息，如图16-17所示。

图16-17　待评价操作票

①【单位】默认为当前账号所属单位。

②【供电所】默认为当前账号所属供电所。

③【票状态】默认显示"结束"一项。

④【评价状态】下拉列表中包括全部、待评价、已评价三种状态，默认显示"待评价"一项。

⑤【评价结果】下拉列表中包括全部、合格、不合格三种状态，默认显示"全部"一项。

⑥点击【电站/线路】输入框，输入要查询电站/线路的内容，支持文字模糊查询。

⑦点击【开票时间】选择框，选择一个时间段进行操作票查询。

⑧点击【操作时间】选择框，选择一个时间段进行操作票查询。

⑨点击【操作任务】输入框，输入要查询操作任务的内容，支持文字模糊查询。

⑩点击【操作人】输入框，输入要查询操作人的内容，支持文字模糊查询。

⑪点击【是否App执行】下拉框，下拉列表包括全部、是、否三种状态，默认显示"全部"一项。

（一）操作票查看

选中一张待评价操作票，点击【查看】，可查看待评价操作票发令人、操作人、操作时间等信息，不可对操作票内容进行修改，如图16-18所示。

①点击【返回】，退出查看待评价操作票。

图16-18 查看待评价操作票

②点击【关联检修周计划】，查看关联的检修周计划。

③点击【打印】，预览打印当前审核状态下的操作票。

④点击【另存为模板】，重新将当前操作票存为模板。

⑤点击【上传纸质票面】查看上传的纸质票面附件。

⑥点击【录音文件】播放按键，可播放现场录音文件。点击【录音文件】下载按键，可下载现场录音文件。

（二）操作票打印

选中一张已执行、待评价状态的操作票，点击【打印】，选择所需打印的纸张大小，打开打印预览页面，点击【打印】，将已执行的数字化操作票票面进行打印。

（三）操作票导出

选中一张已执行、待评价状态的操作票，点击【导出】，导出操作票相关信息。

（四）操作票评价

选中一张已执行、待评价状态的操作票，点击【评价】，即可对已执行、待评价状态的操作票进行评价，如图16-19所示。点击【评价结果】选项框，有合格、不合格两种状态，勾选后即可完成操作票评价并自动归档，完成一整套操作票流程工作。

图16-19 评价操作票

第十七章　带电作业勘察及需求

一　带电作业勘察

（一）带电作业勘查单编制

进入【业务处理】→【运维检修】→【现场勘查管理二期】→【带电作业现场勘查记录编制】，如图17-1所示。

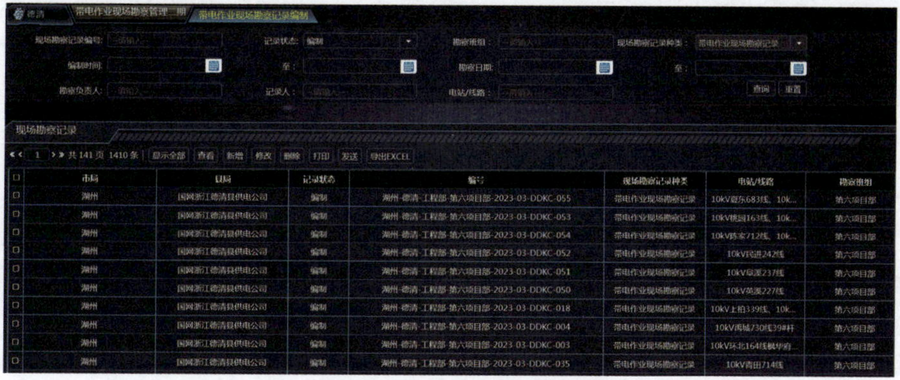

图17-1　配电带电作业现场勘察记录编制

（1）点击【新增】按钮，弹出【配电带电作业现场勘察记录页面】，并填写相应内容如图17-2所示。

①填写工作内容、作业方式。

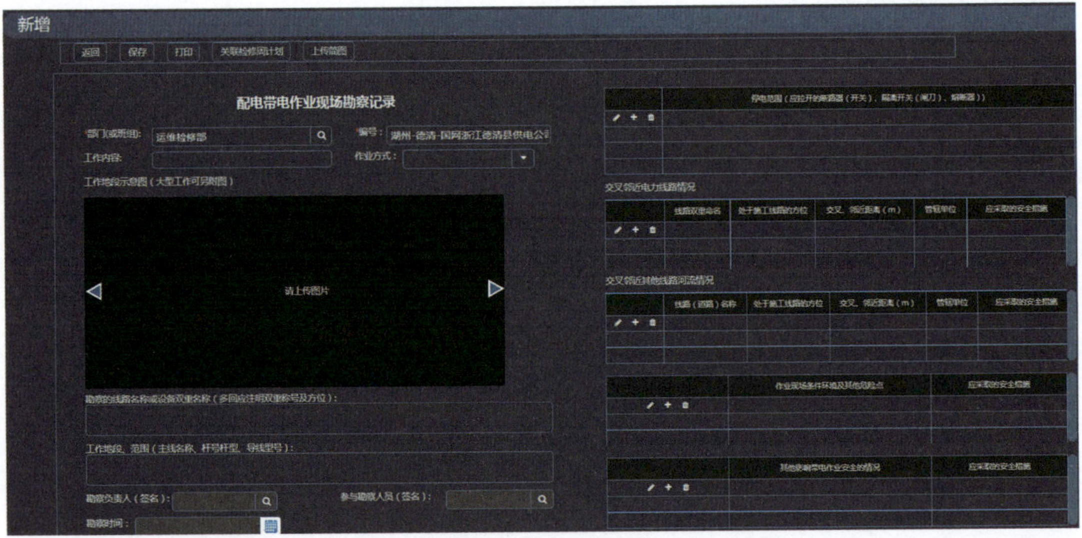

图17-2　配电带电作业现场勘察记录（编制）

②填写勘察线路名称或设备双重名称、工作地段、范围。

③填写停电范围。

④作业现场条件环境及其他危险点。

（2）点击页面上方菜单栏【关联检修周计划】，弹出图17-3所示内容，选择【周计划】并进行关联。

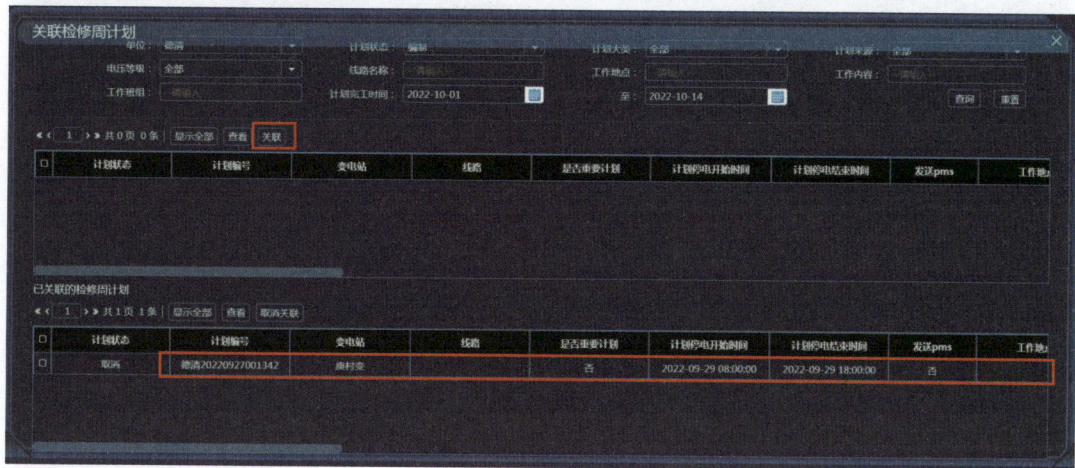

图17-3　关联检修周计划

（3）回到【现场勘查管理二期】→【带电作业现场勘查记录编制】界面，找到并选中已编制的配电带电作业现场勘察记录，点击页面中的【发送】按钮进行发送，如图17-4所示。

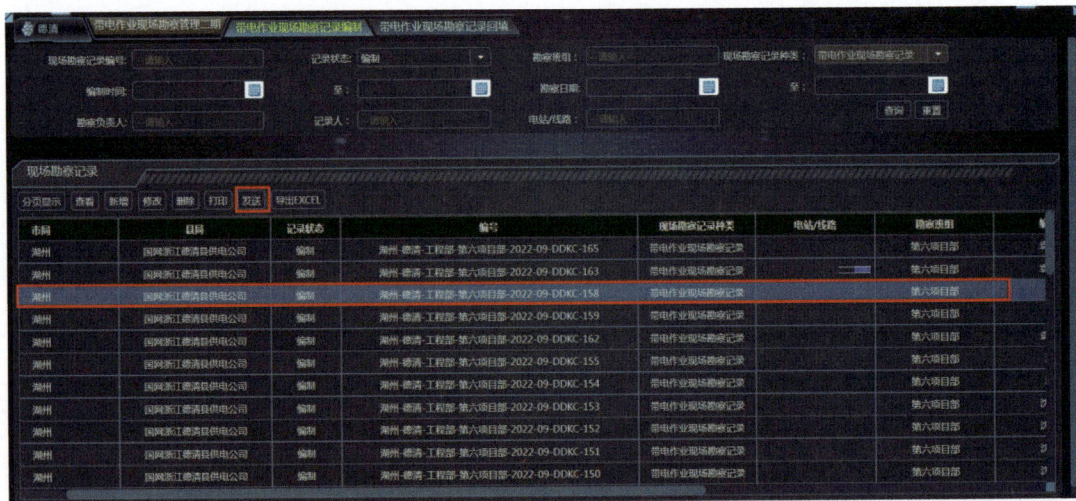

图17-4　发送配电带电作业现场勘察记录

（二）配电带电作业现场勘察单回填

进入【业务处理】→【运维检修】→【现场勘查管理二期】→【带电作业现场勘查记录回填】，如图17-5所示。

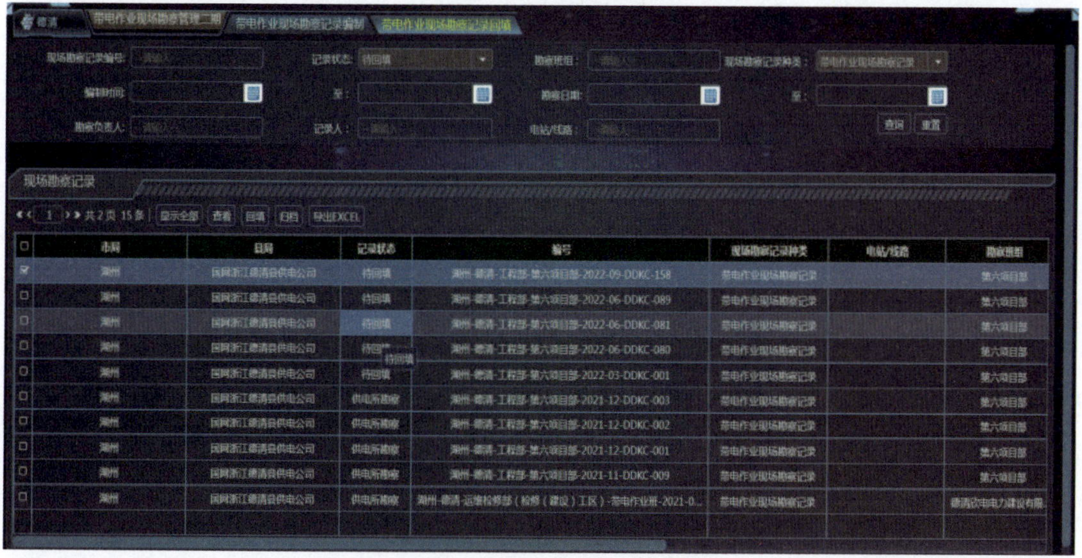

图17-5　配电带电作业现场勘察记录回填

①选中一条数据，点击【按钮】，进行回填，弹框页面如图17-6所示。

图17-6　配电带电作业现场勘察记录（回填）

②点击页面上方菜单栏【上传纸质记录照片】，弹出图17-7所示页面，上传照片附件。

③在图17-6页面选择【归档】按钮，进行归档。

图17-7 上传纸质记录照片

二　带电作业需求

（一）带电作业需求单编制

进入"i国网"→【浙江电力工作台】→【数字配网】→【带电需求】，如图17-8所示。

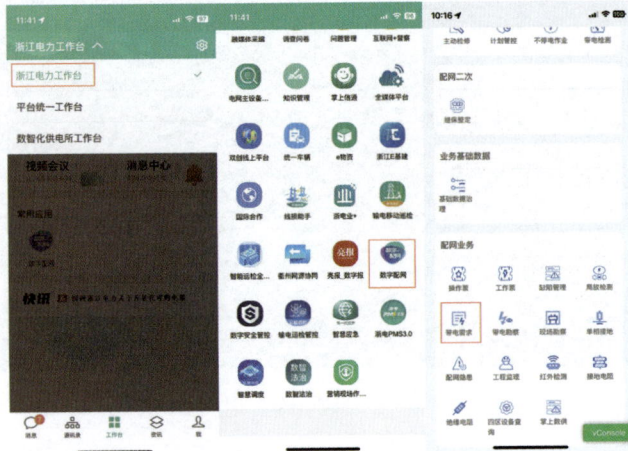

图17-8　"i国网"带电作业需求

①点击【带电需求】图标，弹出【带电作业需求管理】界面，如图17-9所示。

图17-9　带电作业需求管理

②选择右下角的【＋】图标，添加新的需求申请，并根据计划工作编辑带电需求申请单，如图17-10所示。编辑完成后点击下方【保存】按钮，保存成功后发送。

图17-10　带电作业需求申请单

③点击页面上的【带电作业审核信息】按钮，进入图17-11所示的页面进行带电作业审核。审核通过则审核意见栏中填写【同意】并点击下方【发送按钮】，带电作业需求单进入"待执行"；未通过则在审核意见栏中填写未通过原因，并点击下方【回退】按钮，带电作业需求单回退到需求申请环节。

图17-11　带电作业审核

（二）带电作业需求单执行

步骤：【业务处理】→【运维检修】→【带电作业需求管理】→【带电作业需求管理】

当带电需求审核通过时，带电作业进入"待执行"状态，如图17-12所示。此时勾选中想要执行的需求，点击界面中的【周计划编制】按钮，弹出【周计划编制界面】，即可将该需求录入周计划。

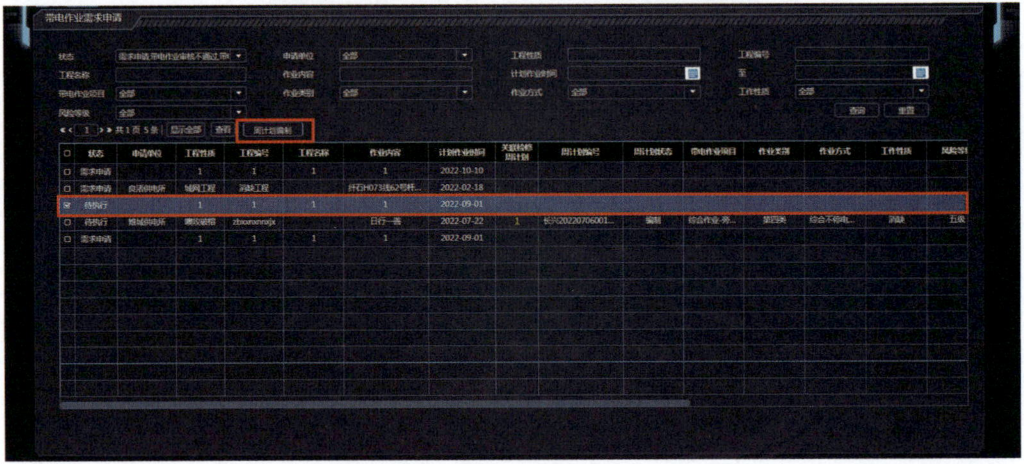

图17-12　周计划编制

第十八章　现场查勘

凡进行配电网线路、电缆的检修作业（带电或停电作业），在工作项目确定后，应根据工作任务对工作地段全面进行现场勘察，并现场记录勘察情况。

现场勘察与完工时间最长不能超过15天，若超过15天，必须再次到现场进行勘察，并做好记录。

现场勘察情况应作为编制施工作业计划、安全措施和技术措施、开具停役申请、填写工作票、进行班内分工等工作的依据，并必须将各项安全措施落实到人。

现场查勘模块主要包含现场勘察单编制、派发、回填3个数字化流程，如图18-1所示。

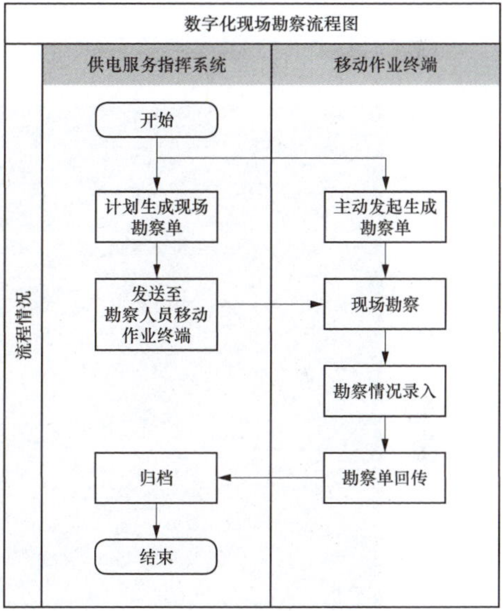

数字化现场勘察流程图

供电服务指挥系统 | 移动作业终端

流程情况

开始 → 计划生成现场勘察单 → 发送至勘察人员移动作业终端

主动发起生成勘察单 → 现场勘察 → 勘察情况录入 → 勘察单回传

归档 → 结束

图18-1　勘察流程图

一　现场勘察单编制与派发

（一）现场勘查单编制

①登录供电服务指挥系统的【现场勘察记录编制】模块，如图18-2所示。

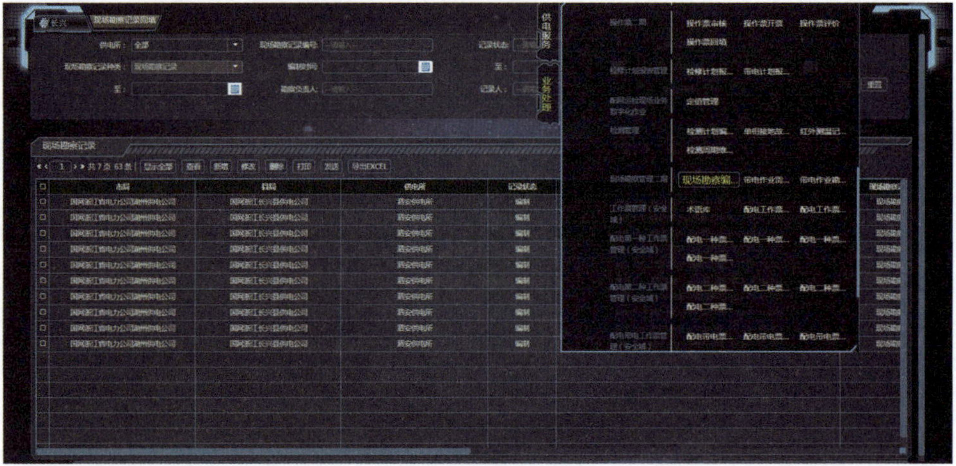

图18-2　现场勘察新增

②点击【新增】，勘察单类型分为现场勘察单、配电带电作业现场勘察单两种。

③在【现场勘察记录编制】界面，根据实际需求进行内容编辑，包括勘察单位、部门、编号、勘察负责人、勘察人员、勘察的线路名称或设备双重名称（多回应注明双重称号及方位）、工作任务［工作地点（地段）和工作内容］、现场勘察内容，同时也可关联检修周计划、上传相关简图，如图18-3所示。

图18-3　现场勘察编辑

（二）现场勘察单派发

在【现场勘察记录编制】界面将内容编辑完成之后，可进行勘察单派发，如图18-4所示，选中相关勘察记录，点击【发送】，弹出提示信息"确定是否发送吗？"

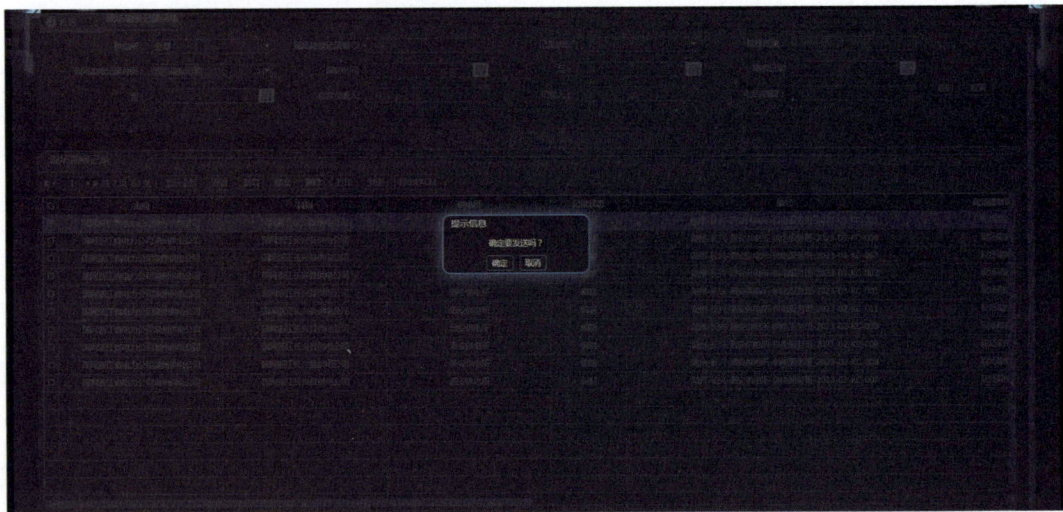

图18-4　现场勘察单派发

二 现场勘察单回填

（一）"i国网"现场勘察单回填

①登录"i国网"，在"i国网"界面首页的运维作业里找到【现场勘察】模块，如图18-5所示。

②在现场勘察任务页面进入"待回填"界面，新增现场勘察单，如图18-6所示。

③进入人员选择界面，选择填充相关勘察负责人，如图18-7所示。

④进入人员选择界面，选择填充相关勘察人员，如图18-8所示。

⑤进入【现场勘察（待回填）】，按实际需求填写工作任务［工作地点（地段）和工作内容］、现场勘察内容、应采取安全措施等内容，可进行上传"附件"，如图18-9所示。

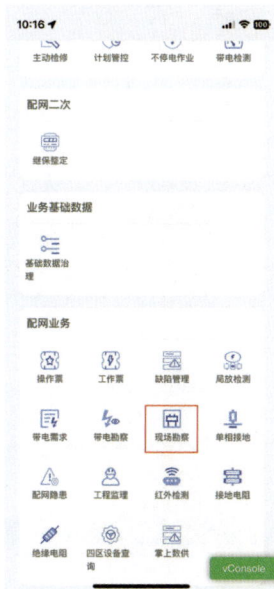

图18-5 "i国网"界面首页

图18-6 现场勘察任务页面

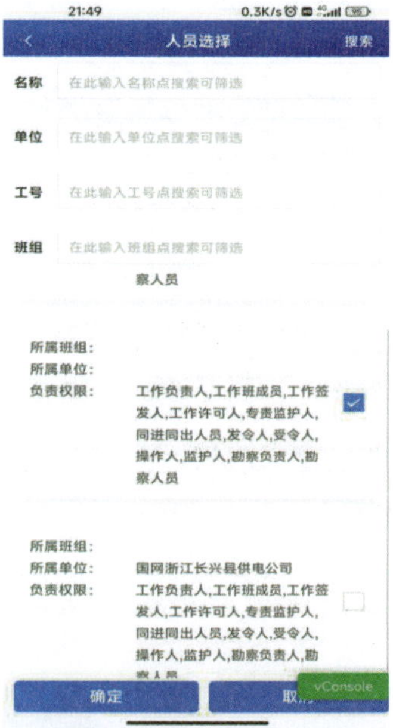

图18-7 选择勘察负责人

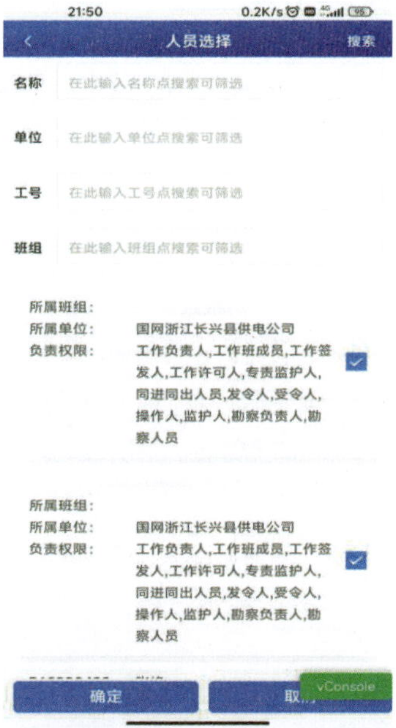

图18-8 选择勘察人员

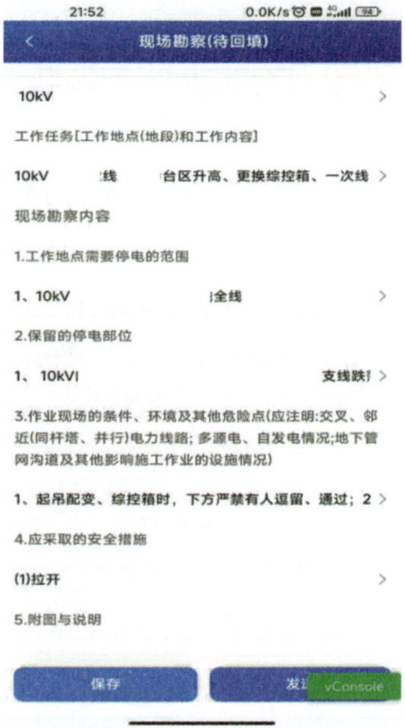

图18-9 录入勘察信息

（二）现场勘察单归档

登录【现场勘察记录回填】模块，选择记录状态为"待回填"的勘察单，点击【归档】按钮，进行归档，勘察单记录状态变为"归档"状态，如图18-10所示。

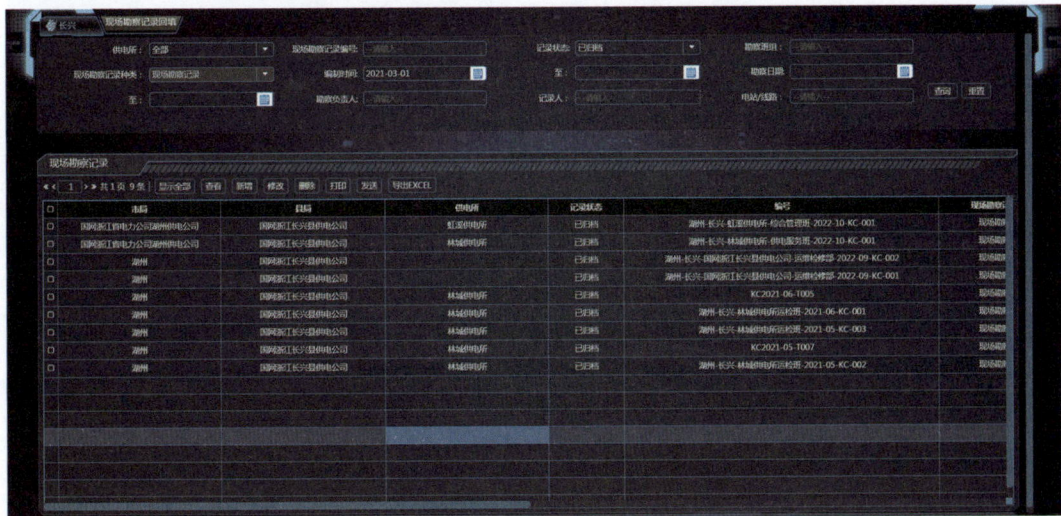

图18-10 现场勘察单归档

第十九章　工单化管控

工单化管理是用于配电网可靠性管理、设备监测、配电网运维、检修计划执行管控、配电自动化等配电网，业务通过预警单、整改单、督办单三类工单的发起、执行、跟踪、闭环，对配电网可靠性管理、设备监测、配电网运维、检修计划执行管控、配电自动化等配电网业务进行全面管控和统计，系统填写后可自动生成工单，可上传工单附件。方便对配电网业务过程中典型、同类、频发故障、异常数据有效管控，真正做到无纸质化流程。

一　系统端工单下派

（一）工单的新增

三类工单的新增流程一致，有工单管控单位派单人员登录供服指挥系统，点击主菜单【供电服务】→【业务管控】→【工单化】→【工单化管理】，如图19-1所示。

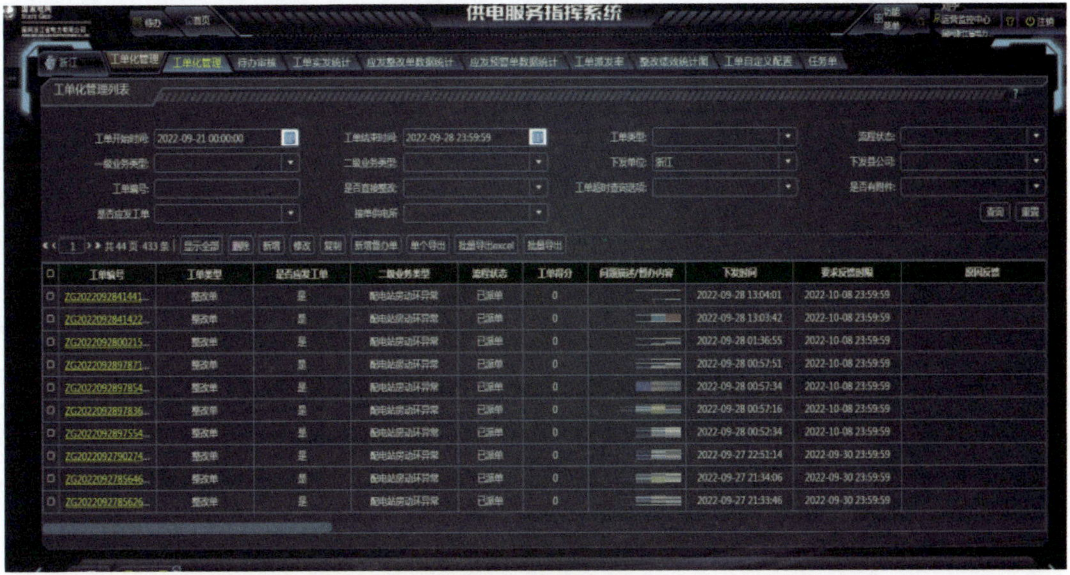

图19-1　工单化管理界面

打开工单化管理的第一个TAB页，点击主表工具栏上的【新增】按钮，弹出三种类型工单新建页，如图19-2所示。

图19-2　工单新增界面

在新增工单页的【工单类型】下拉框中根据所派发的工单类型选择预警单、整改单、督导单其中之一；根据工单内容所涉及业务选择【一级业务类型】和【二级业务类型】；【单位】和【县公司】选择与接单人相符合的单位即可，【供电所】根据接单人所在单位选择或选择"全部"，例如要派单给湖州长兴县局虹溪所的郭某处理，就选择单位为湖州，县局为长兴，点击【确定】按钮，弹出不同工单派单页面，以下分别介绍。

（二）预警单页面填写

在派单页填写必填项【接单人】，选择【要求反馈时间】和【预期时间】，【工单抄送】可选择填写，【问题描述】即为送派工单的内容，下方【上传】按钮可添加附件进行上传，最后点击【派单】按钮，也可选择【派单并发送短信】，接单人即可同时受到短信提示，如图19-3所示。单子下发到App的接单环节。预警单分为派单、接单、评估三个环节。

图19-3　预警单派单页面

243

（三）整改单页面填写

在派单页填写必填项【接单人】、【要求反馈时间】、【预期时间】以及【评估人】和是否上传附件，【工单抄送】可选择填写，【问题描述】即为送派工单的内容，下方【上传】按钮可添加附件进行上传，最后点击【派单】按钮，也可选择【派单并发送短信】，接单人即可同时受到短信提示，如图19-4所示。单子下发到App的接单环节。整改单分为派单、反馈、审核、处理、评估五个环节。

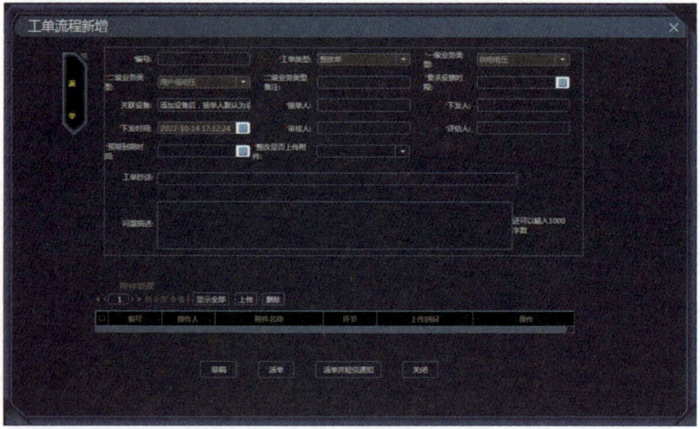

图19-4　整改单新增界面

（四）督导单页面填写

督导单页面设置与整改单完全一致，可参考整改单的操作流程。

（五）超期工单的督办派单

勾选一条超期工单，点击【新增督办单】按钮，即可对超期工单进行督办，下派督办单至各县局，如图19-5所示。

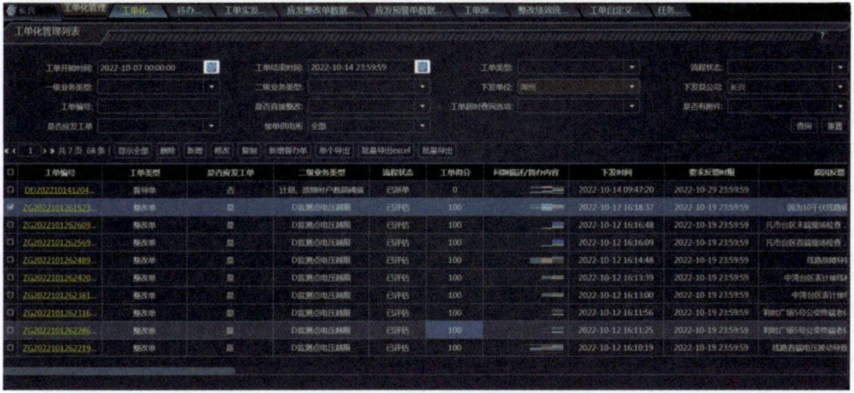

图19-5　督办单新增界面

二 现场执行工单

　　用户可以使用"i国网"App现场执行供服派发的工单，方便对配电网业务过程中典型、同类、频发故障、异常数据有效管控，真正做到无纸质化流程。用工单接收人的账号登录"i国网"App，在工作台界面，选择浙江电力工作台，在常用应用里点击【数字配网】，进入小程序，显示界面如图19-6所示。

　　点击【工单化管控】按钮，进入操作界面，默认为"工单化操作管理"页面，如图19-7所示。

　　【工单化操作管理】：点击可切换到"工单化管理"页面，如图19-8所示。

　　【返回】：返回到上一级界面。

　　【+】：点击弹出下拉菜单，包括待办、扫码、重置，如图19-9所示。

图19-6　数字配网界面

图19-7 工单化管控操
作界面

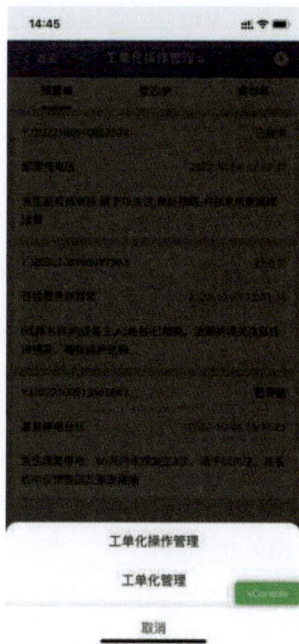

图19-8 切换界面

图19-9 【+】下拉菜单

下方列表展示三种类型工单记录：预警单、整改单、督导单。通过切换TAB页的方式切换三类工单。这个列表页面主要是接单人或者操作人在使用。

（一）预警单操作流程

预警单主要有派单、处理、评估三个环节。由"工单化—省公司"级别的人员在供服派单，由"工单化—班组人员"在"i国网"进行接单操作，和PC端走流程的环节基本一样。

（二）预警单的接单环节

以"工单化—班组人员"的角色登录"i国网"，点击主菜单【数字配网】中的【工单化管控】，进入"工单化操作管理"页面，预警单列表展示派发给当前用户的所有预警单，如图19-10所示。一张预警单分为三行内容：①预警单单号以及状态，状态分为已派发、已接收、已执行；②预警单二级业务类型以及下发时间；③预警单问题描述。

选中已派发的单子，进入详情页，如图19-11所示。点击【转派】可将此预警单转派给他人，如图19-12所示。点击【接单】进入接单操作页面，如图19-13所示。

选择【计划完成时间】，在【原因反馈】中按实反馈描述，【上传位置】可上传当前接单地点的经纬度，【上传图片】可上传相册里图片，填写完成后点【提交】按钮，工单流转到评估环节。

图19-10　预警单显示页

图19-11　预警单详情页

图19-12　预警单转派

图19-13　预警单接单界面

（三）预警单的评估环节

以"工单化—班组人员"的角色登录"i国网"，点击主菜单【数字配网】中的【工单化管控】，默认进入"工单化操作管理"页面，切换到"工单化管理"页，点击右上角的【+】按钮，弹出右键菜单，有三项：待办、扫码、重置。用户点击"待办"，进入待办列表，选择待评估的预警单，点击进入详情页选择待评估的预警单，点击进入详情页，跳转到"已接单"页，如图19-14所示。

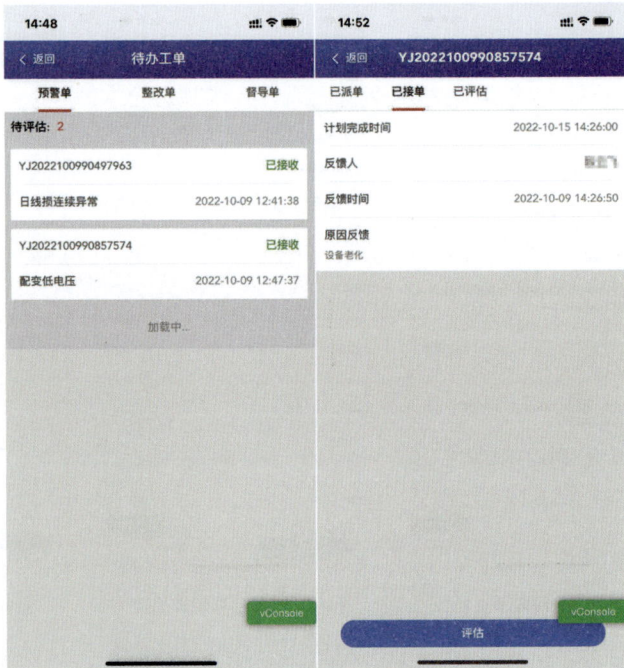

图19-14　预警单评估接单

点击工单详情页面点最下方的【评估】按钮，弹出评估操作页面，评估时间自动获取当前日期，填写评估内容，最后点击【提交】，按钮，弹出信息提示框"是否提交?"，按在弹出的提示信息框中，点击【确认】按钮，如图19-15所示。提交成功后工单走到归档环节。

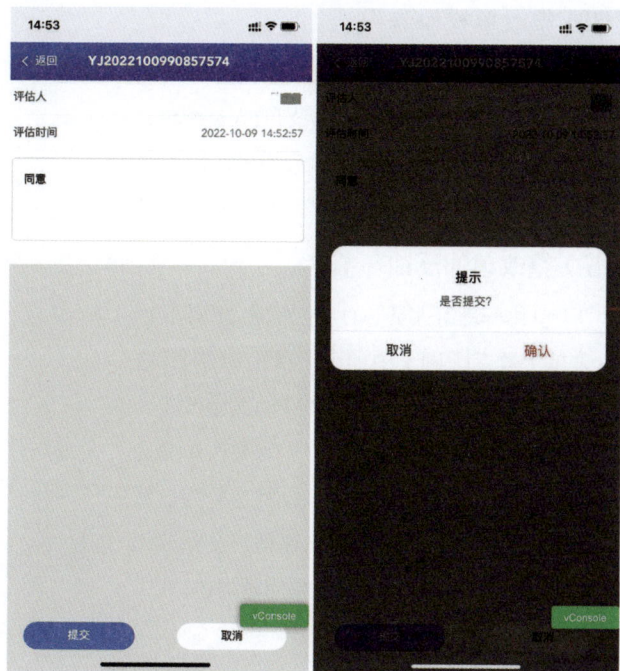

图19-15　预警单评估填写

（四）整改单操作流程

整改单主要有派单、反馈、审核、处理、评估五个环节。由"工单化—省公司"级别的人员派单，由"工单化—班组人员"进行接单反馈操作，和PC端的流程基本一样。

（五）整改单的反馈环节

以"工单化—班组人员"的角色登录"i国网"，点击主菜单【数字配网】中的【工单化管控】，进入"工单化操作管理"页面，切换TAB页到整改单，展示整改单列表，如图19-16所示。一张整改单分为三行内容：①整改单单号以及状态，状态分为已派发、已反馈、已审核、已整改、已评估；②整改二级业务类型以及下发时间；③整改单问题描述。

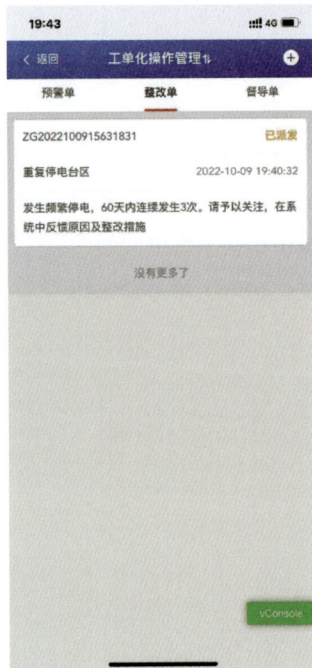

图19-16　整改单显示页

点击要反馈的整改单，进入详情页，如图19-17所示。点击【转派】可将此预警单转派给他人，点击【反馈】进入反馈操作页面，如图19-17所示。在反馈操作页上，选择【计划完成时间】，在【原因反馈】中按实反馈描述，【上传位置】可上传当前接单地点的经纬度，【上传图片】可上传相册里图片，填写完成后点【提交】按钮，工单走到下一个审核环节。

图19-17　反馈填写

（六）整改单的审核环节

以"工单化—班组人员"的角色登录"i国网"，点击主菜单【数字配网】中的【工单化管控】，切换到"工单化管理"页面，点击右上角【＋】按钮，弹出右键菜单，有三项：待办、扫码、重置。用户点击"待办"，进入待办列表，如图19-18所示。

图19-18　待审核整改单

点击"待审核"的工单，进入详情页，点击TAB页"已反馈"，点击【审核】按钮，弹出审核填写页展示审核操作页，填写【审核意见】以及【审核分数】（在0~20分之间），点击【通过】按钮，如图19-19所示。工单走到下一环节整改。

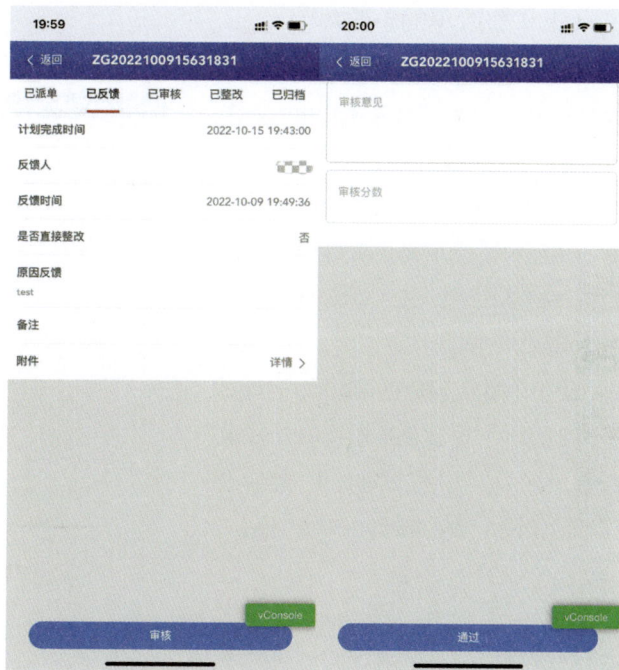

图19-19　审核填写

（七）整改单的整改环节

以"工单化—班组人员"的角色登录"i国网"，点击主菜单【数字配网】中的【工单化管控】，切换到"工单化操作管理"页面，点击TAB页"整改单"切换到整改单列表页显示。点击要整改的整改单，进入详情页，如图19-20所示。

点击【整改】按钮，弹出整改页如图19-21所示。整改完成时间自动获取当前日期，填写【整改描述】，然后点【提交】按钮，工单走到下一环节评估。

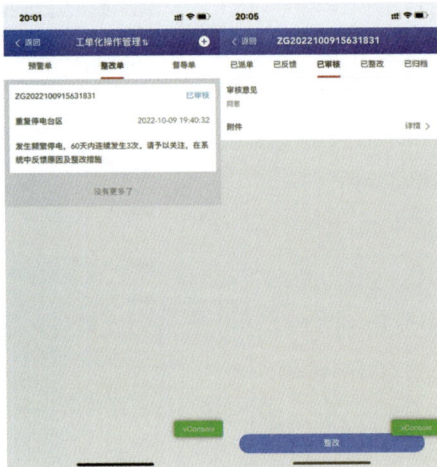

图19-20　整改接单

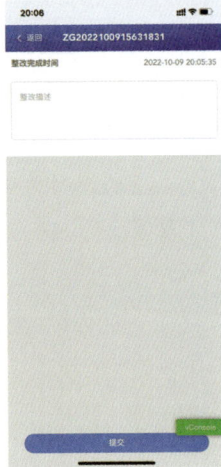

图19-21　整改填写

（八）整改单的评估环节

以"工单化—班组人员"的角色登录"i国网"，点击主菜单【数字配网】中的【工单化管控】，切换到"工单化管理"页面，点击TAB中的"整改单"切换到整改单列表页显示。

点击右上角【+】按钮，弹出右键菜单，有三项：待办、扫码、重置。用户点击"待办"，进入待办列表。点击"待评估"的单子，进入工单详情页，如图19-22所示。

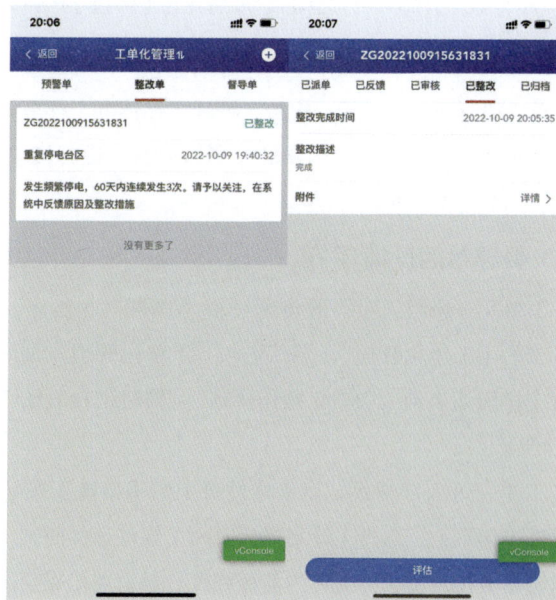

图19-22　评估接单

点击最下方的【评估】按钮，弹出评估操作页，如图19-23所示，填写【评估意见】和【分数】（在0~20分之间），最后点击【通过】按钮，工单进入归档。

（九）督导单操作流程

督导单主要有派单、反馈、审核、处理、评估五个环节。由"工单化—省公司"级别的人员派单，由"工单化—班组人员"进行接单反馈操作，和PC端走流程的环节基本一样。

（十）督导单的反馈环节

以"工单化—班组人员"的角色登录"i国网"小程序，点击主菜单【数字配网】中的【工单化管控】，默认进入"工单化管理"页面，点击【工单化操作管理】按钮切换到"工单化操作管理"，同时把TAB页切换到"督导单"，如图19-24所示。

点击工单，进入详情页，点击详情页上的【反馈】按钮，弹出反馈操作页，在反馈操作页上，点击【计划完成时间】控件选择时间，然后填写反馈描述，再点击【上传位置】去上传当前经纬度，最后点【提交】按钮，工单走到下一个审核环节。

图19-23　评估填写

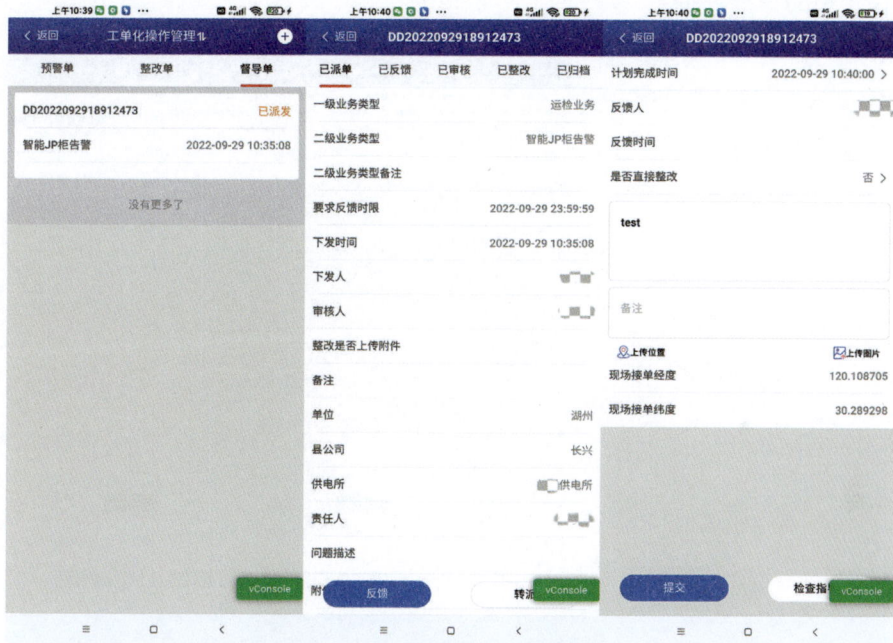

图19-24　工单化管控App反馈界面

（十一）督导单的审核环节

以"工单化—省公司"的角色登录"i国网"小程序，点击主菜单【数字配网】中的【工单化管控】，默认进入"工单化管理"页面，切换TAB到"督导单"，如图19-25所示。点击右上角【＋】按钮，弹出右键菜单，有三项：待办、扫码、重置。用户点击【待办】，进入待办列表。点选"待审核"的工单，进入工单详情页。

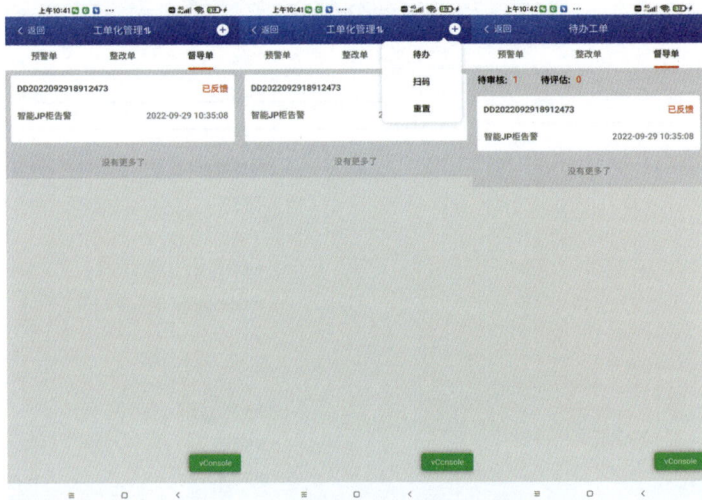

图19-25　工单化管控App审核界面

　　督导单的详情页如图19-26所示，点击详情页下方的【审核】按钮，弹出审核操作页，填写【审核意见】和【审核评分】，最后点【通过】按钮。工单进入下一环节整改。

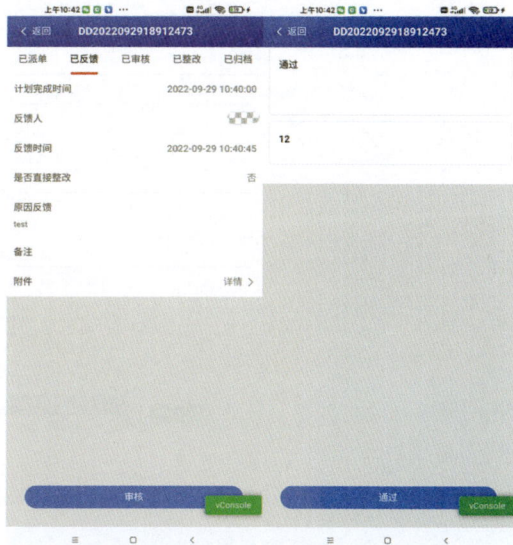

图19-26　工单化管控App评分界面

（十二）督导单的审核环节

以"工单化—班组人员"的角色登录"i国网"小程序，点击主菜单【数字配网】中的【工单化管控】，默认进入"工单化管理"页面，点击【工单化操作管理】按钮切换到"工单化操作管理"，并且点击TAB页"督导单"切换到督导单列表页显示，如图19-27所示。

点选督导单，进入工单详情页，在工单详情页上点最下方的【整改】按钮，弹出整改操作页。

点击【整改完成时间】的时间控件，选择时间。填写【整改描述】，最后点击【提交】按钮。工单走到下一环节评估。

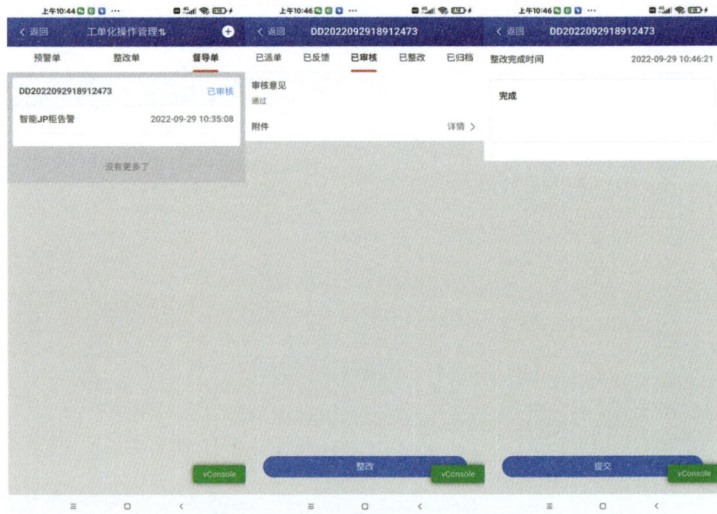

图19-27　工单化管控App整改界面

（十三）督导单的评估环节

以"工单化—班组人员"的角色登录"i国网"小程序，点击主菜单【数字配网】中的【工单化管控】，默认进入"工单化管理"页面，点击【工单化操作管理】按钮切换到"工单化操作管理"，并且点击TAB页"督导单"切换到督导单列表页显示，如图19-28所示。

点击右上角【+】按钮，弹出右键菜单，有三项：待办、扫码、重置。用户点击"待办"，进入待办列表。

图19-28　工单化管控App整改界面

在待办工单列表里找到"待评估"状态的督导单；点击待评估的督导单，进入详情页，如图19-29所示，在详情页，点击下方的【评估】按钮，弹出评估操作页。

填写评估分数和评估描述，点击【通过】按钮，弹出"是否提交?"的提示信息框，然后用户点击【确认】，工单走到归档环节。

（十四）督办单操作流程

反馈一、二级督办单出现的依据：

反馈督办单：出现反馈超时预警的整改单可进行派发的督办单，即为反馈督办单。

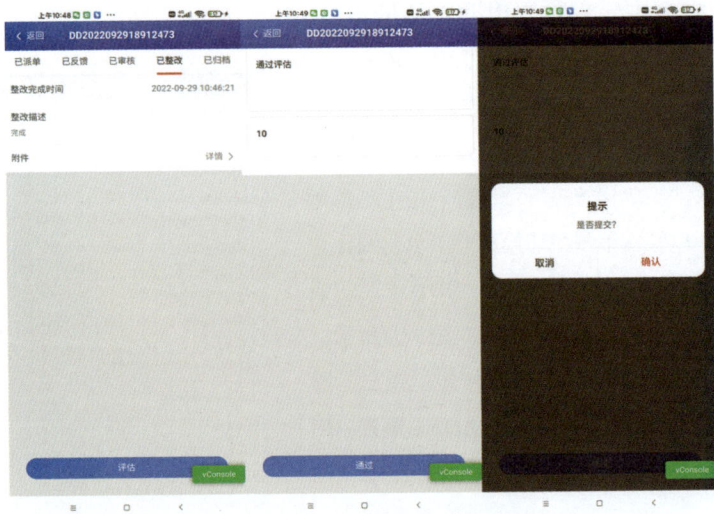

图19-29　工单化管控App整改界面

一级督办单：首次出现整改超时预警的整改单可进行派发的督办单，即为一级督办单。

二级督办单：再次出现反馈超时预警的整改单可进行派发的督办单，即为二级督办单。

用"工单化—省公司"账号登录供服指挥系统，点击主菜单【供电服务】→【业务管控】→【工单化】→【工单化管理】，如图19-30所示。

选择超时整改单，点击【新增督办单】即可。后续反馈流程请参考整改单操作流程。

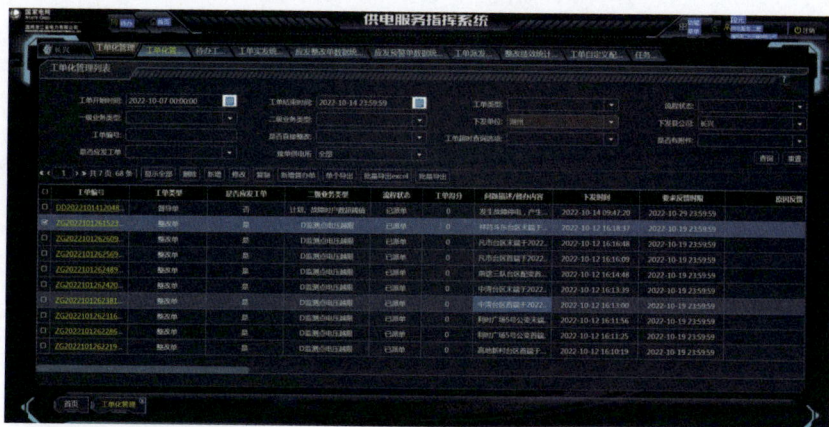

图19-30　督办单新增界面

第二十章　运检指标及单线图

一　运检指标查询

　　运检指标查询为便于管理人员查看供电可靠性、前一日停电时户数、馈线跳闸、频繁停电台区数、重过载配变数、投诉工单、95598故障工单各项指标而设立，数据与供电服务指挥系统贯通，动态更新指标内容。

　　【运检指标查询】操作步骤：

　　①初始页面默认展示全省指标。

　　②根据查询需求，在右上角菜单中选择地市、县公司。

　　③页面查看供电可靠性、前一日停电时户数、馈线跳闸、频繁停电台区数、重过载配变数、投诉工单、95598故障工单各项指标，如图20-1所示。

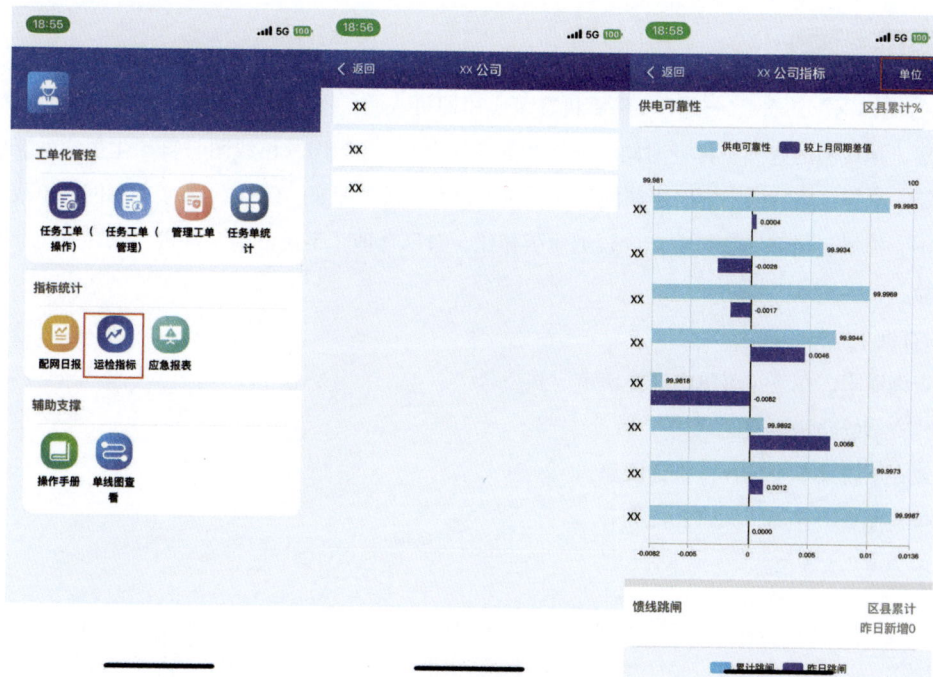

图20-1　运检指标查询界面

二 单线图查询

单线图在"i国网"部署后，使用外网手机登录应用即可查阅，彻底解决了现场勘查、巡视、抢修时查阅单线图的难题，单线图的查阅不再受时间、空间和数量的限制。"i国网"单线图与自动化主站系统数据完全同步、实时更新，减轻线路数据库实时更新的任务，最大程度确保了图实一致性。同时"i国网"单线图查看时具备放大、缩小、拖拽、局部展示等功能，较纸质版相比，布局合理，字迹清晰，携带、保存方便，提升工作人员的查阅体验。

【单线图查询】操作步骤：

①根据查询需求，在下拉菜单中选择地市、县公司。

②选择待查询线路所属变电站。

③搜索或在下拉菜单中选择待查询线路。

④进入单线图查看界面，如图20-2所示。

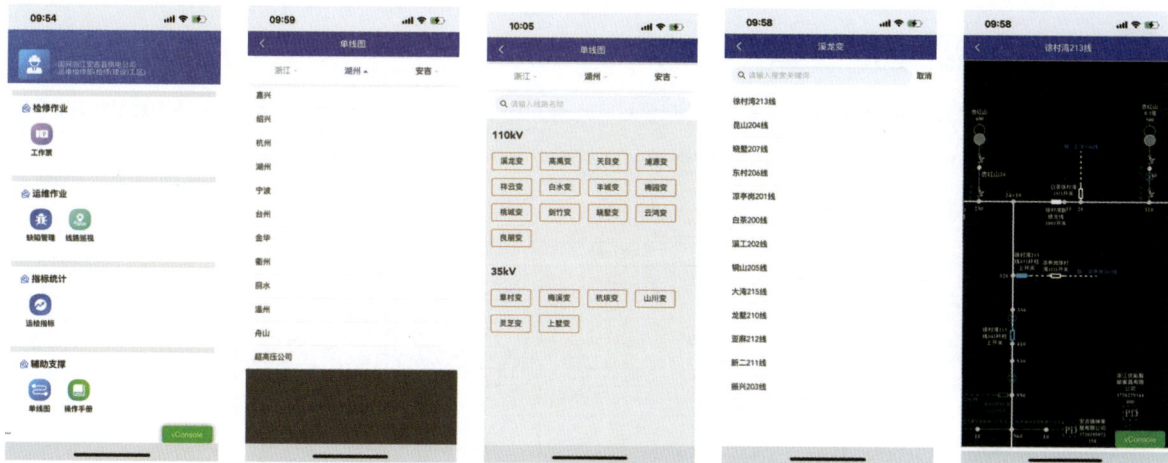

图20-2　单线图查询

第二十一章　业务工单化

一　人员角色及基本流程

（1）任务单模块人员角色分为管理人员、操作人员两种角色，PC端和"i国网"的维护路径均在供电服务指挥系统→系统基本功能→权限管理中维护，一般一个账号维护一种角色，也可以同时维护成两个角色。

（2）任务单流程如图21-1所示。

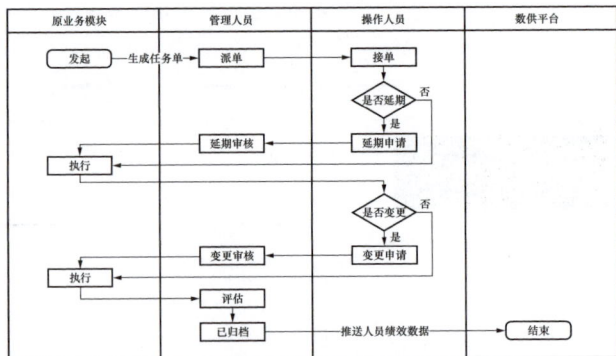

图21-1　任务单流程

（一）工单分类及业务场景概述

1. 工单分类

根据国家电网有限公司设备部相关要求，工单按照业务场景分为五大类：配电网二次、配电网检修、配电网巡视、配电网指挥、业务基础数据。

2. 业务场景概述

配电网检修分为主动检修、计划管控、不停电计划、带电检测四小类。主动检修是指隐患消缺，工单来源为供电服务指挥系统中的【缺陷登记】模块；计划管控指停中压的检修计划，工单来源为供电服务指挥系统中的【周计划执行】模块的"检修计划"大类；不停电作业指不停中压的检修计划，工单来源为供电服务指挥系统中的【周计划执行】模块的"不停电计划"大类；带电检测指红外、局放、接地电阻测试、绝缘电阻测试等工作计划，工单来源为供电服务指挥系统中【带电检测编制】模块的已发布数据。

配电网巡视分为设备运维、运行风险预警两小类。设备运维是指周期性巡视工作，工单来源为供电服务指挥系统中的【巡视计划编制】模块的"定期巡视"类型；运行风险预警是指特殊巡视工作，工单来源为供电服务指挥系统中的【巡视计划编制】模块的"特殊巡视、夜间巡视、监察巡视、保供电巡视、故障巡视"类型。

配电网指挥分为客户报修、主动抢修两小类。客户报修是指95598故障报修工单的全过程流转，工单来源为供电服务指挥系统中的【故障工单态势】模块的"95598工单"类型；主动抢修是指根据Ⅳ区信号主动开展的抢修作业，工单来源为供电服务指挥系统中的【故障工单态势】模块的"主动抢修"类型。

配电网二次是指对配电网设备继电保护业务的工单化管控。

业务基础数据是指对PMS3.0中对同源维护套件校核工具的问题结果进行工单管控。

（二）PC端—任务工单（管理人员）

以"管理人员"的角色登录供电服务指挥系统，点击主菜单【工单化】中的【任务工单（管理人员）】，页面如图21-2所示。

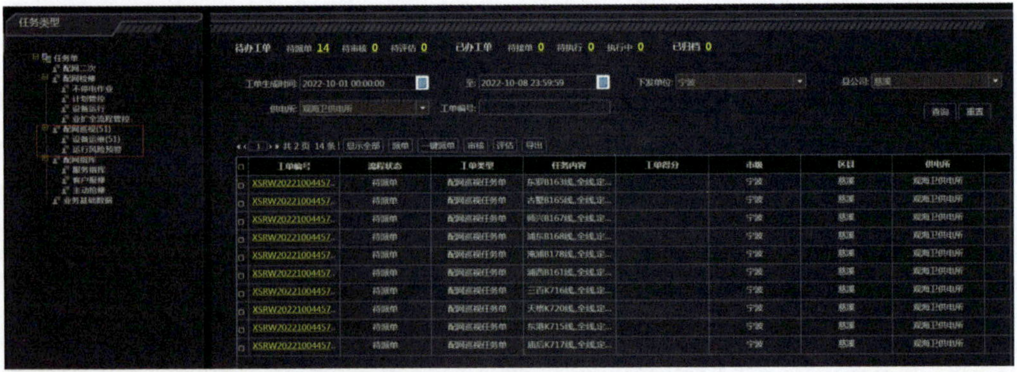

图21-2　任务工单（管理人员）界面

工单生成时间默认为当前日的前一周，点击【查询】按钮，查出所有记录，如图21-3所示。

图21-3　工单生成记录

【查询条件】：工单生成时间、下发单位、县公司、供电所、工单编号，工单编号支持用户输入编号模糊查询。

【查询】：点击【查询】，可以根据设置的条件查出符合条件的结果记录。

【重置】：可重置为默认的初始状态。

【显示全部】：可将所有的数据显示在表格里。

【派单】：点击【派单】，可对当前用户所在供电所下的单张工单进行派单操作。

【一键派单】：可对当前用户所在供电所下的多张任务单进行派单操作。

【审核】：派单人对工单的延期、变更请求进行审核。

【评估】：在任务单走完处理操作，再由评估人对工单进行评估。

（三）PC端—任务工单（操作人员）

用"操作人员"的角色登录供电服务指挥系统，点击主菜单【工单化】中的【任务工单（操作人员）】，页面如图21-4所示。

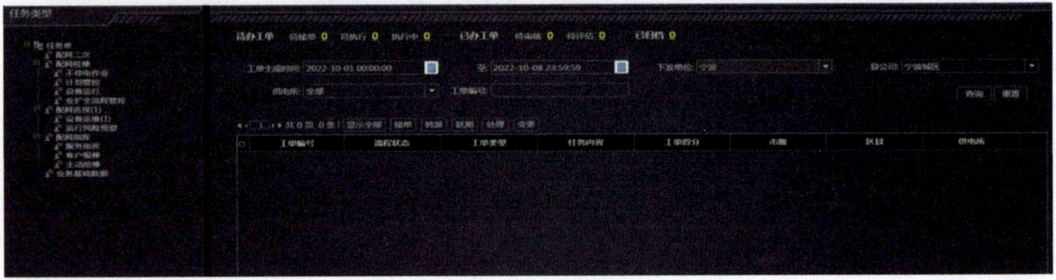

图21-4　任务工单（操作人员）界面

　　工单生产时间默认为当前日往前一周，点击【查询】按钮，查出所有记录。

　　【查询条件】：工单生成时间、下发单位、县公司、供电所、工单编号，工单编号支持用户输入编号模糊查询。

　　【查询】：点击【查询】，根据填写查询条件进行查询。

　　【重置】：点击【重置】，将条件重置为默认的初始状态。

　　【显示全部】：点击【显示全部】，可将所有的数据显示在表格里。

　　【接单】：勾选一条"待接单"状态的任务单进行接单操作。

　　【转派】：选择"待接单"状态的任务单，点击【转派】，可转派给同班组人员。

　　【延期】：选择一个"待执行"的任务单进行延期操作。提交后流程状态为"待审核"由派单人员（管理人员）进行审核。

　　【处理】：选择一个"待执行"的任务单进行处理操作，处理后流程状态为"执行中"。

　　【变更】：选择一个"执行中"的任务单进行变更，主要是变更"任务完成截至时间"，提交后流程状态为"待审核"，由派单人员（管理人员）进行审核。

（四）PC端—任务工单流程

1. 派单环节

用"管理人员"的角色登录供电服务指挥系统，点击主菜单【工单化】中的【任务工单（管理人员）】。任务工单（管理人员）页面如图21-5所示。

点击状态栏中的"待派单"，筛选出当前供电所"待派单"的任务单。

【派单】：选择"待派单"的数据，点击【派单】。

图21-5　"待派单"的任务单

弹出派单填报界面,【接单人】和【任务开始时间】是必填项,如图21-6所示。

其中,接单人如有设备主人,则默认显示该线路的设备主人(可更换接单人)。

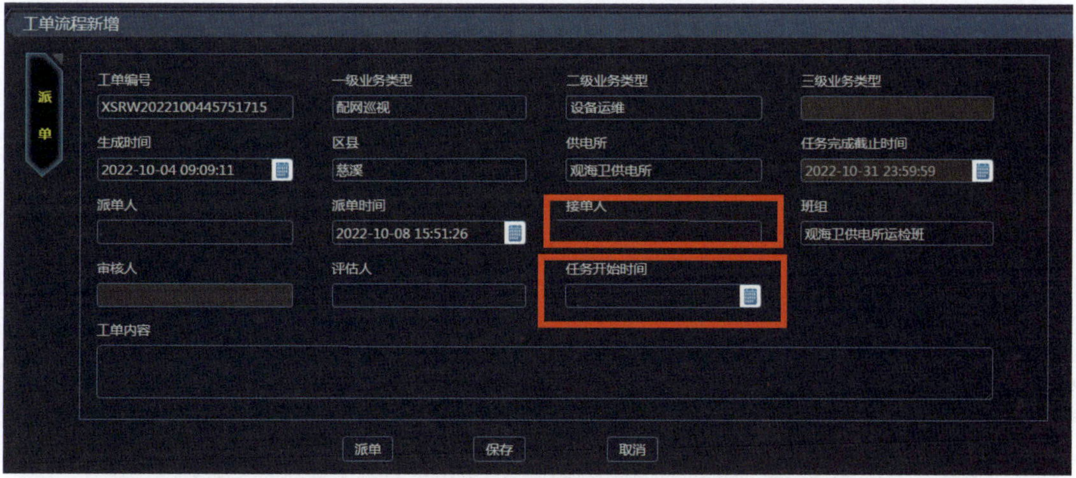

图21-6　派单填报界面

更换接单人时，选择当前供电所下人员，如图21-7所示。

【派单】：点击【派单】，成功后，进入接单环节，任务单流程状态更新为"待接单"。

【保存】：保存当前操作。

【取消】：取消当前操作。

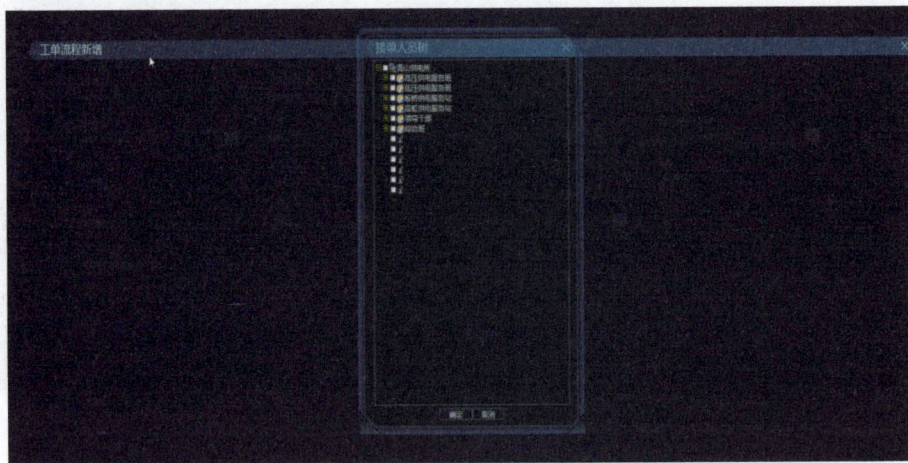

图21-7　更换接单人

【一键派单】：选择任务单，点击【一键派单】，如图21-8所示。

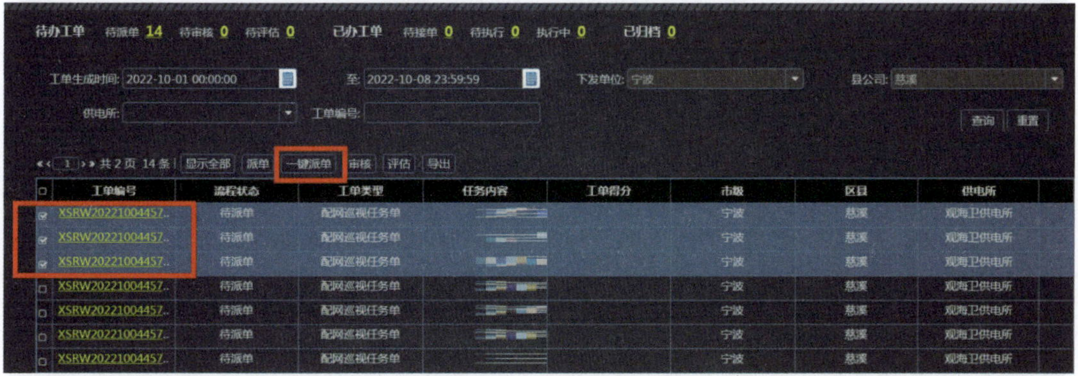

图21-8 一键派单

任务开始时间：默认为当前时间。

接单人：如有设备主人，则默认显示该线路的设备主人（不能更改接单人），进行任务单下派；若工单中包含没有默认接单人的工单，则该条工单下派失败，如图21-9所示。

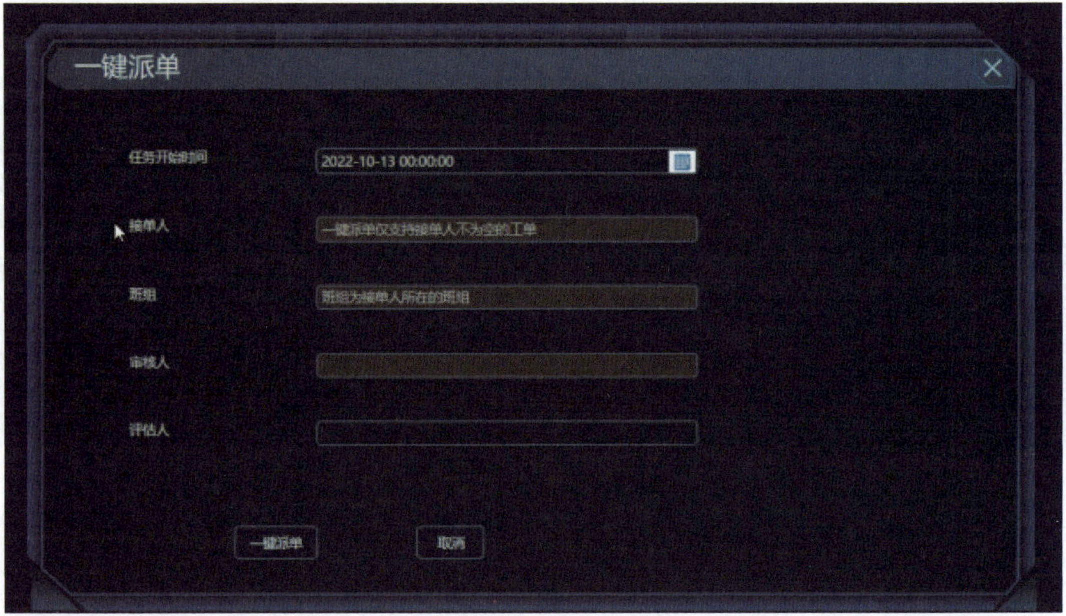

图21-9　接单人

2．接单和转派环节

用"操作人员"的角色登录供电服务指挥系统，点击主菜单【工单化】中的【任务工单（操作人员）】，页面如图21-10所示。

图21-10　待接单

（1）接单环节：

选择一条"待接单"的任务单，点击【接单】按钮，弹出确认框，如图21-11所示。

点击【确定】，接单成功，任务单状态变更为"待执行"。

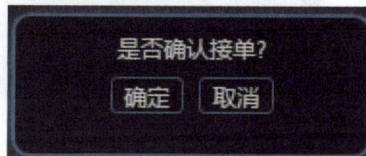

图21-11　待接单确认框

（2）转派环节：

选择一条"待接单"的任务单，点击【转派】，弹出人员选择树，选择转派人员，点击【确认】，即转派成功，如图21-12所示。

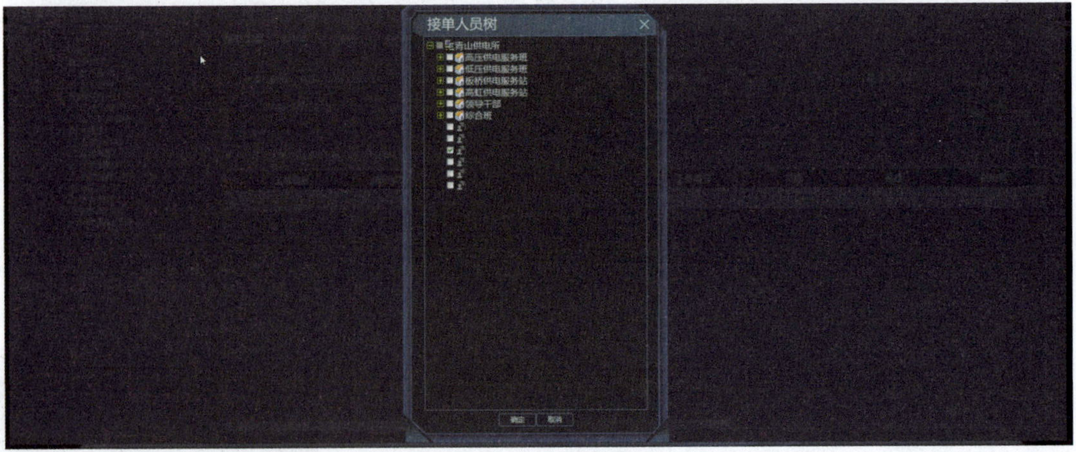

图21-12　转派人员

3. 延期环节

用"操作人员"的角色登录供电服务指挥系统，点击主菜单【工单化】中的【任务工单（操作人员）】，页面如图21-13所示。

图21-13　延期

选择一条"待执行"的任务单（只有待执行的任务单可以进行延期申请），点击【延期】，弹出延期申请填写框，如图21-14所示。

图21-14　延期界面

【任务开始时间（任务结束时间）是否申请延期】：默认为否，下拉选"是"可进行选择时间。

限制：可以选择的任务结束时间延期最多比目前结束时间延迟30天，任务开始时间延期必须小于任务结束时间。

【延期原因】：必填项，选择延期时间，点击【提交】，流程状态变更为"待审核"。

4. 延期审核环节

用"管理人员"的角色登录供电服务指挥系统，点击主菜单【工单化】中的【任务工单（管理人员）】，页面如图21-15所示。

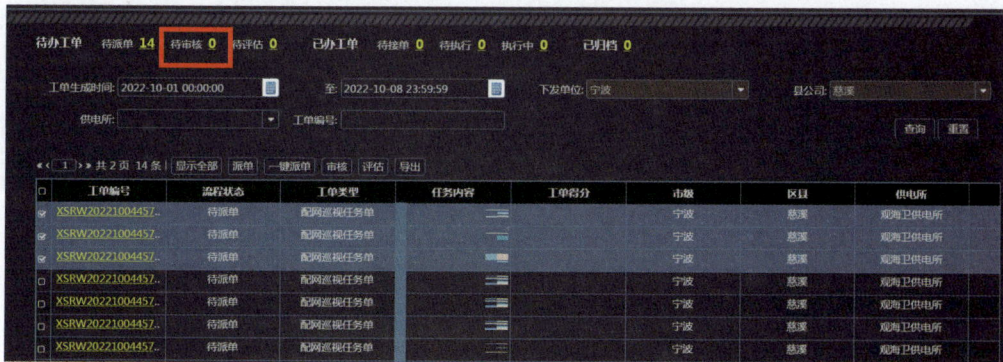

图21-15　延期审核

勾选一条待审核的任务单，然后点击【审核】，弹出延期审核界面，如图21-16所示。

【是否审核通过】选择"是/否"，然后填写【审核意见】，点击【审核延期】，通过/驳回后，流程状态变更为"待执行"。

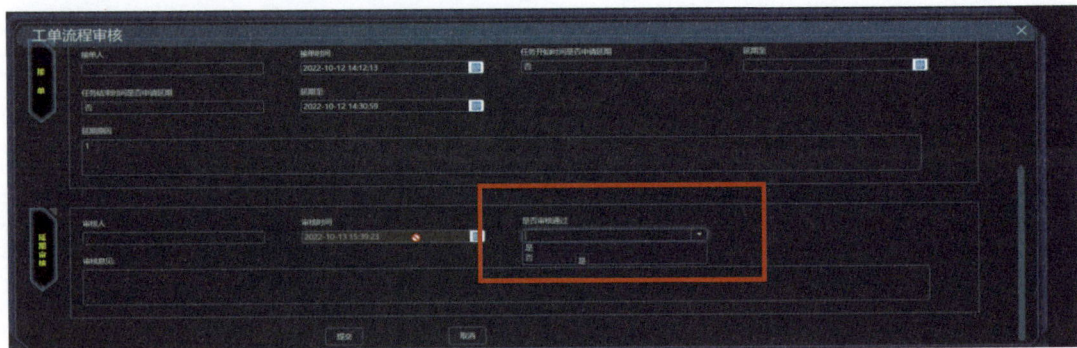

图21-16　延期审核界面

5. 执行环节

需要在"i国网"上进行执行操作，具体参考"i国网"执行环节。

6. 变更环节

用"操作人员"的角色登录供电服务指挥系统，点击主菜单【工单化】中的【任务工单（操作人员）】，页面如图21-17所示。

只有"执行中"的数据可以变更，点击【变更】，如图21-18所示。

图21-17　变更

图21-18　变更界面

点击【申请结束时间延期至】选取7天内的时间。

注意：这里最多延期7天。

填写变更原因，点击【确定】。任务单流转到下一个环节变更审核，流程状态变更为"待审核"。

7．变更审核环节

用"管理人员"的角色登录供电服务指挥系统，点击主菜单【工单化】中的【任务工单（管理人员）】，页面如图21-19所示。

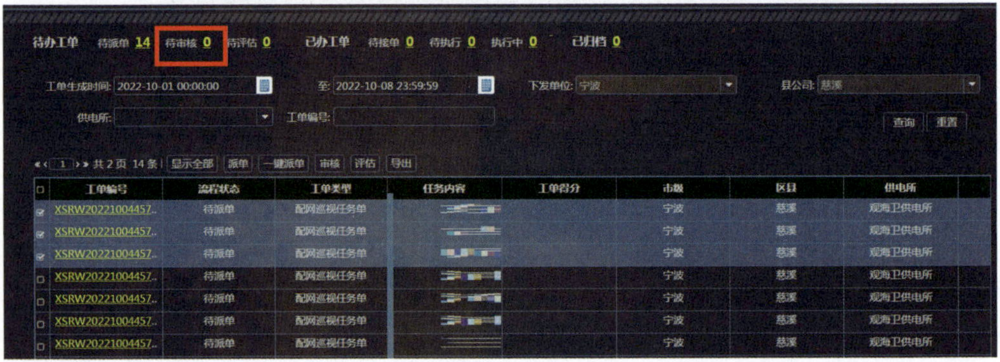

图21-19　变更审核

勾选"待审核"状态的任务单，然后点击工具栏上的【审核】按钮，弹出变更审核弹窗，如图21-20所示。

图21-20 变更审核界面

【是否审核通过】：下拉框选择"是"，再填写必填项审核意见。点击【提交】，若审核通过，任务结束时间更新；若不通过，按原任务结束时间执行，任务单状态变为"执行中"。

由操作人员在"i国网"上执行，如巡视任务单，在巡视结束时，任务单自动进入评估环节，流程状态变更为"待评估"。

8. 评估环节

用"管理人员"的角色登录供电服务指挥系统，点击主菜单【工单化】中的【任务工单（管理人员）】，页面如图21-21所示。

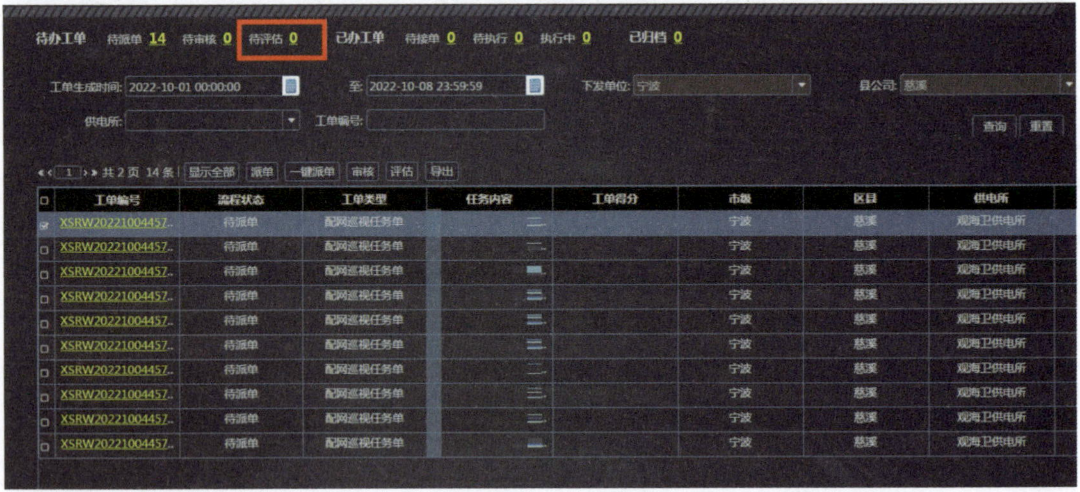

图21-21　评估

　　勾选一条待评估的任务单，然后点击工具栏上的【评估】，弹出评估选择现场处理人的界面，如图21-22所示。

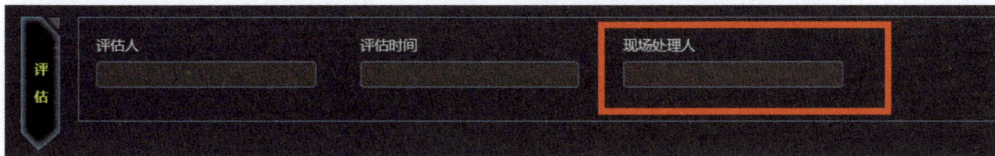

图21-22　选择现场处理人的界面

　　在任务单评估环节可以多选进行现场实际处理人的调整，人员现场任务单作业的绩效评价以评估后的处理人为主。

二　"i国网"—任务单流程

（一）任务单—"i国网"

　　"i国网"—数字配网中，【任务工单（操作）】、【任务工单（管理）】模块分别对应PC端的菜单功能，点击后的任务单界面如图21-23所示，目前已接入客户报修（95598工单）、主动抢修（主动抢修工单）、设备运维（周期性巡视工单）。

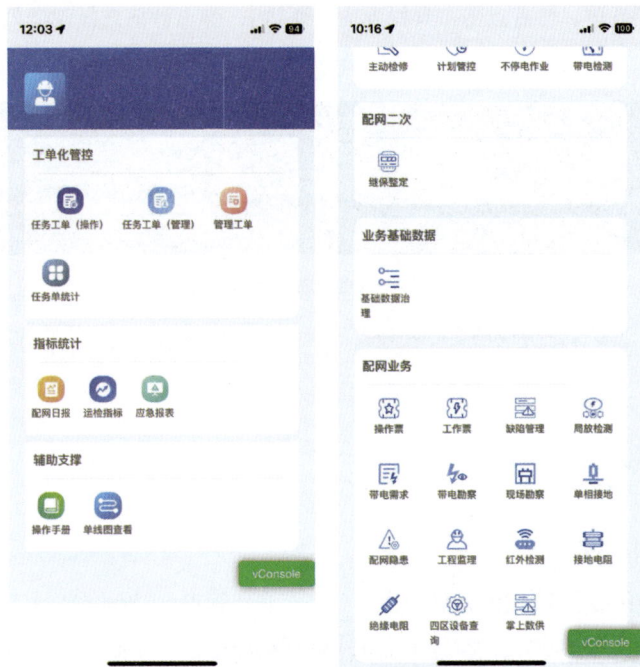

图21-23　"i国网"—任务单界面

（二）派单环节

用"管理人员"的角色登录"i国网"，点击【数字配网】中的【任务工单（管理人员）】，以周期性巡视为例，点击选择【设备运维】。任务单工作台页面如图21-24所示。

图21-24　任务单管理

待派单的工单在【待处理—待派单】中，点击选择一条工单进入详情页面，查看相关信息后，点击【派单】，填写任务开始时间，选择供电所成员进行下发，任务单流程状态变更为"待接单"。

（三）一键派单

若任务单有默认的接单人，还可以使用【批量】一键派单，选择多条任务单【一键派单】，填写任务开始时间，任务单就以默认的接单人进行下派，流程状态变更为【待接单】，如图21-25所示。

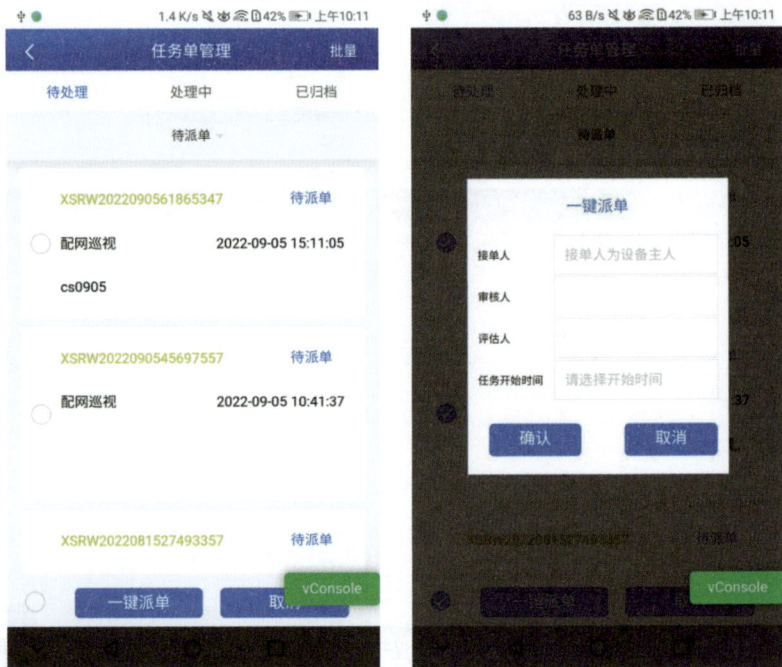

图21-25　一键派单

（四）接单环节

用"操作人员"的角色登录"i国网"，点击【数字配网】中的【任务工单（操作人员）】，与班组长的页面相同，按分类展示不同的任务单，如图21-26所示。

图21-26　操作人员登录界面

待接单的工单在【待处理—待接单】中，点击选择一条工单进入详情页面，查看相关信息后，点击【接单】即可。接单后，任务单流程状态变更为"待执行"；若该任务单不应该派给本人，可选择班组内其他人进行【转派】，如图21-27所示。

图21-27　待接单界面

（五）延期环节

待执行的任务单若因为一些临时工作，在计划的时间内无法完成巡视任务单，可以提交一次不超过30天的延期申请。

用"操作人员"的角色登录"i国网"，点击【数字配网】中的【任务工单（操作人员）】选择【待处理—待执行】，点击选中一条待执行的任务单查看详情，点击【延期】按钮，如图21-28所示。

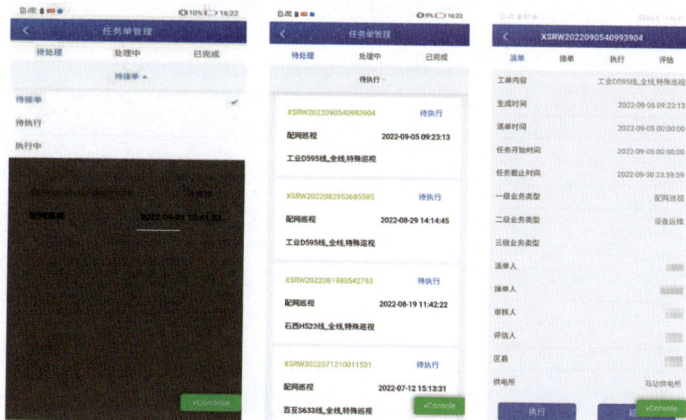

图21-28　延期

点击【延期】按钮，弹出延期申请填写页面，如图21-29所示。

选择是否延期，填写延期开始时间和延期结束时间，点击【延期】，任务单流程状态变更为待审核。

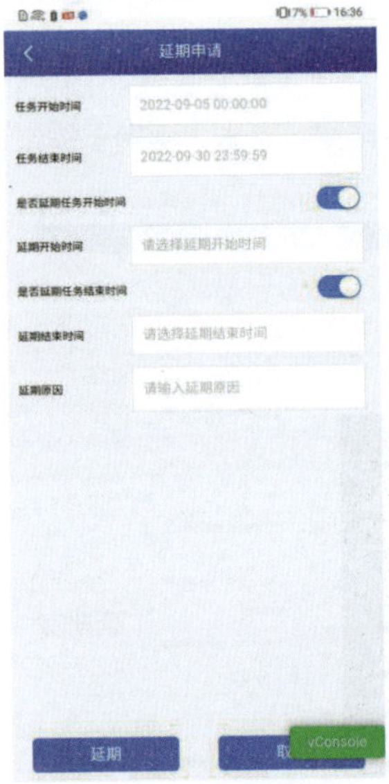

图21-29　延期界面

（六）延期审核环节

用"管理人员"的角色登录"i国网"，点击【数字配网】中的【任务工单（管理人员）】，在【待处理—待审核】任务单的列表中，点击刚完成延期申请的任务单，查看详情如图21-30所示。

点击【审核】按钮，弹出审核是否通过的页面，如图21-31所示。

【是否通过延期申请】选取"是/否"，然后填写必填项【审核意见】，点击【审核】按钮，任务单流转至执行环节，流程状态变更回"待执行"。

图21-30 延期审核

图21-31 延期审核界面

（七）执行环节

用"操作人员"的角色登录"i国网"，点击【数字配网】中的【任务工单（操作人员）】，在【待处理−待执行（执行中）】任务单的列表中，选择本人的任务单进行执行，如图21-32所示。

图21-32　执行

在任务单详情页点击【执行】按钮，自动跳转巡视计划模块，进行闭环操作，在巡视计划列表中选择对应的巡视计划进行巡视，点击后，任务单状态变更为"执行中"；巡视完成后，任务单状态变更为"待评估"，如图21-33所示。

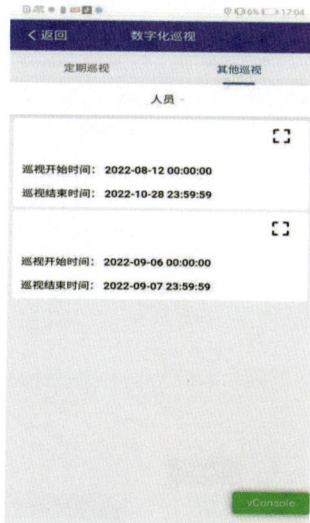

图21-33　待评估

（八）变更环节（操作人员）

执行中的任务单若因为一些临时工作，在计划的时间内无法完成巡视任务单，可以提交一次不超过7天的变更申请，如图21-34所示。

图21-34　变更

　　用"操作人员"的角色登录"i国网",点击【数字配网】中的【任务工单(操作人员)】,选择【待处理—执行中】,点击选中一条待执行的任务单查看详情,点击【变更】按钮,弹出变更申请填写页面,如图21-35所示。

　　填写变更结束时间,点击【变更】,变更申请提交成功,任务单流程状态变更为待审核。

图21-35　变更界面

（九）变更审核环节

使用"管理人员"角色登录"i
国网"，在【任务工单（管理）】
模块，在【待处理—待审核】任
务单的列表中，点击刚完成变更申
请的任务单，查看详情如图21-36
所示。

点击【审核】按钮，弹出变更
审核页面如图21-37所示。

【是否通过变更申请】选取"是/
否"，然后填写必填项【审核意
见】，点击【审核】按钮，任务单
流转至执行环节，流程状态变更回
"执行中"。

图21-36　审核

图21-37　审核界面

（十）评估环节

使用"管理人员"角色登录"i国网"，在【任务工单（管理）】模块，在"待处理—待评估"任务单的列表中，点击刚完成变更申请的任务单，查看详情如图21-38所示。

图21-38　评估

打开工单详情页，点击【评估】，弹出评估界面，点击【现场处理人】，进行处理人多选修改，记录该任务单实际完成人员，如图21-39所示。

（十一）已归档环节

走完所有流程，该条任务单流程状态变更为已归档，如图21-40所示。

图21-39　评估界面

图21-40　归档

Part 3

案例篇

第二十二章　线路巡视及缺陷处理

场景说明：国网湖州市长兴县供电公司雉城供电所根据计划对所属的线路设备进行检测，首先需要在供电服务指挥系统中完成检测计划编制，再到现场通过"i国网"App开展绝缘电阻与接地电阻测量。

账号准备：虹溪供电所相关人员账号。

菜单路径：业务处理→检测管理→巡视计划编制。

操作说明：班组长根据工作安排，进入【巡视计划编制】，编制并发布线路巡视任务。

一　巡视计划编制

①点击列表中的【新增】按钮。

②添加巡视设备，选择计划开始时间、计划结束时间、巡视分类等内容。

③保存并发布巡视任务，如图22-1所示。

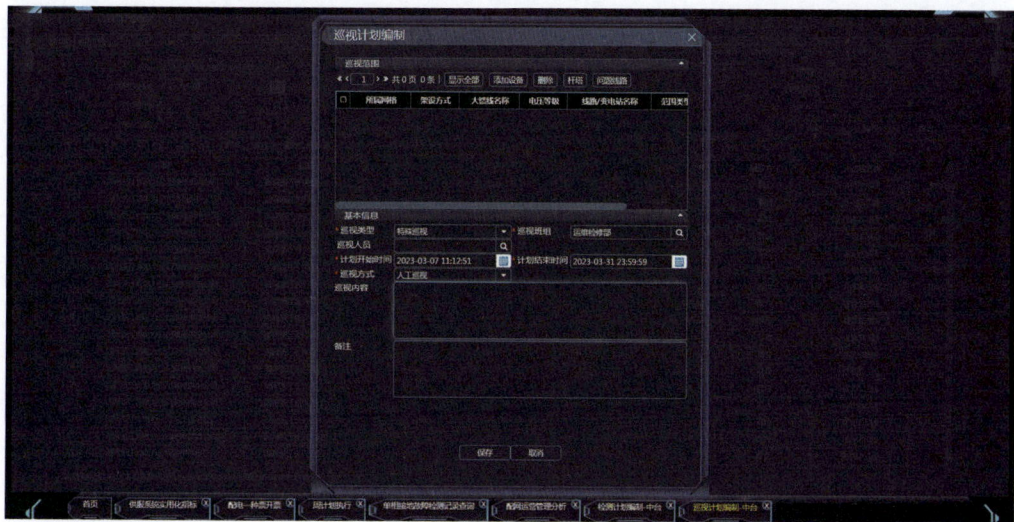

图22-1　巡视计划编制与发布

二 国网执行巡视任务

计划发布后检测人员即可通过手机"i国网"查看到检测计划，到现场开展检测工作。

①进入"i国网",进入当天线路巡视任务如图22-2所示。

②查看巡视指导书,知晓安全注意事项、作业工器具、作业所需材料相关内容,如图22-3所示。

图22-2 巡视计划选取

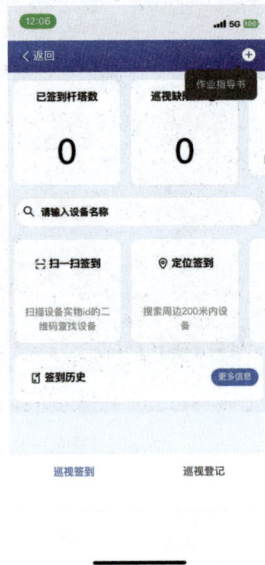

图22-3 作业指导书

③设备签到可点击【设备签到】按钮，在设备树进行签到，如图22-4所示。

图22-4 设备签到

④"i国网"巡视登记巡视相关记录，可以对巡视内容进行登记，填写巡视人员、时间、内容、备注等信息，如图22-5所示。

⑤在"i国网"结束当天的巡视任务，如图22-6所示。

图22-5　巡视登记

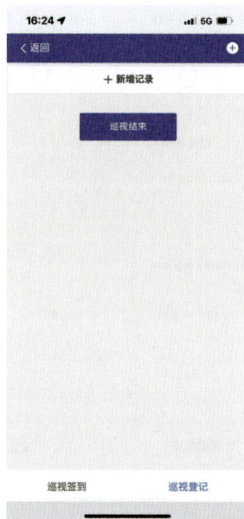

图22-6　巡视结束

第二十三章 抢修工单执行

供电所工作人员在供电服务指挥系统派发了一张外联抢修工单，抢修人员可以在抢修模块查看到新接收到的外联抢修工单，如图23-1所示。

图23-1 待接单工单界面

①抢修人员登录"i国网"进入数字配网的故障抢修模块，点击【接单】后，抢修工单进入到"待到达"环节，如图23-2所示。

②抢修人员准备好抢修材料和工器具后赶往故障现场进行抢修。抢修人员到达现场后，在"i国网"数字配网的故障抢修模块中点击【到达现场】，并进入"现场查勘"环节，如图23-3所示。

图23-2　抢修工单待到达界面

图23-3　待查勘工单界面

③抢修人员现场查勘发现故障原因后，在"i国网"中点击"待查勘"的抢修工单查勘，进入故障工单查勘界面，并根据现场故障情况中选择【故障类型】、【预计抢修时间】等对应信息，同时拍摄现场设备故障照片，如图23-4所示。

图23-4　抢修工单查勘界面

④抢修人员在查勘环节中点击右上角的【＋】，选择【抢修方案】进行抢修方案编制，然后完成基本需求、设备需求、工具装备需求、车辆需求、人员需求、抢修队伍需求内容的填写，完成抢修方案的编制，如图23-5和图23-6所示。

图23-5　抢修方案编制
入口界面

图23-6　抢修方案编制
界面

⑤在查勘环节中，抢修人员点击【开票】可在"i国网"故障抢修模块中填写配电故障紧急抢修单，如图23-7所示。

⑥抢修人员填写完成配电故障紧急抢修单并确认完成各类安全措施，点击【查勘】进入处理环节，正式开展现场抢修工作。抢修工作完成后，抢修人员完成一级分类、二级分类、三级分类等必填选项并对修复后现场设备拍照后，点击【处理】，完成该抢修工单的移动端操作，如图23-8所示。

图23-7 故障抢修单填写界面

图23-8 抢修工单处理界面

第二十四章　红外测温与局部放电检测

场景说明：国网长兴县供电公司城北供电所根据特殊巡视计划对所属的新城765线兴樾府环网单元进行局放检测，首先需要在供电服务指挥系统中完成检测计划编制，再到现场通过运检管控App下发设备台账，再用局放检测仪检测，最后通过运检管控App进行检测结果回收及上传等操作。

账号准备：城北供电所相关人员账号。

菜单路径：业务处理→运维检修→检测管理→检测计划编制—中台。

操作说明：班组长根据工作安排，进入【检测计划编制—中台】，编制并发布局放检测任务。

一　巡视计划编制与发布

班组长根据巡视工作安排，编制并发布局放检测任务。

由【功能菜单】→【业务处理】→【运维检修】→【检测管理】，进入【检测计划编制—中台】，如图24-1所示。

①点击【新增】按钮，如图24-2所示。

②点击【添加设备】按钮，如图24-3所示。

③在设备树勾选龙山变→新城765线→配电站→兴樾府环网单元，如图24-4所示。

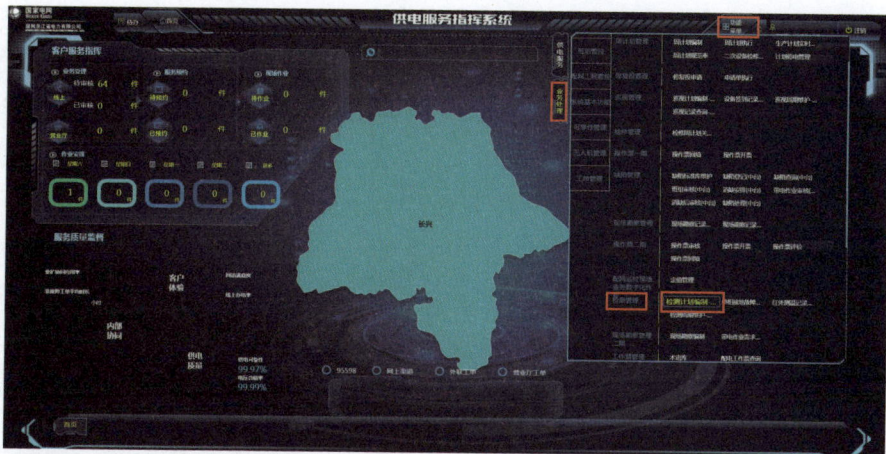

图24-1 检测计划编制—中台路径

图24-2 新增编制

图24-3　添加设备

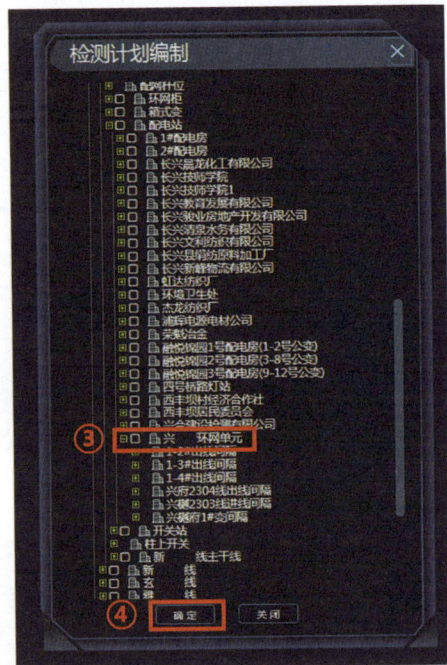

图24-4　选择检测范围

④点击【确定】按钮。

⑤填写基本信息。

⑥点击【保存】按钮，如图24-5所示。

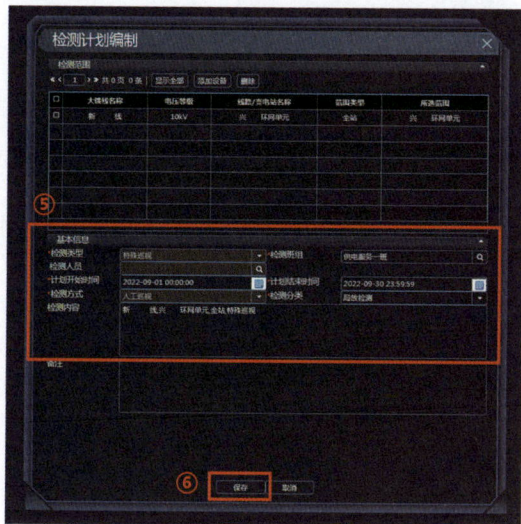

图24-5　基本信息填写

二　智能终端局放检测台账下发

现场操作人员到达现场后，用数据线连接手机智能终端与局放检测仪主机，在手机智能终端上利用运检管控App将设备检测台账下发至局放检测仪。

①点击【首页】→【运维作业】→【局放检测】，如图24-6所示。

②选择待检测任务，下载设备台账，如图24-7所示。

③完成准备工作确认、人员要求确认、工器具确认、作业现场拍照、环境要求确认、安全措施确认，如图24-8~图24-13所示。

④点击【台账】→【获取外设】，选择【PD U盘】后，点击【台账排序下发】，如图24-14~图24-16所示。

⑤在"序列排序操作"页面，点击【台账下发】，如图24-17所示。

⑥在设备选择列表中按现场检测顺序选择待测间隔，台账同步至下方设备排序列表，完成后点击【台账排序下发】，如图24-18所示。

⑦台账下发成功，点击【确定】，如图24-19所示。

图24-6 局放检测

图24-7 台账下载

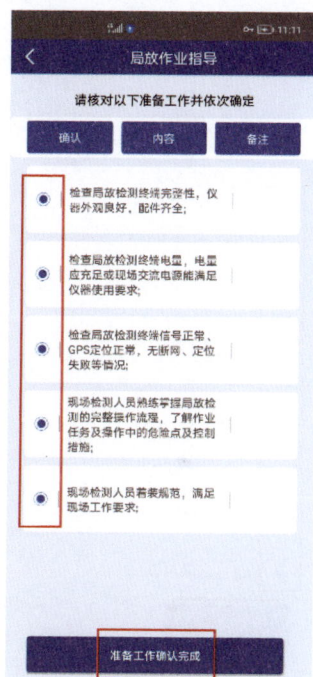

图24-8 准备工作确认

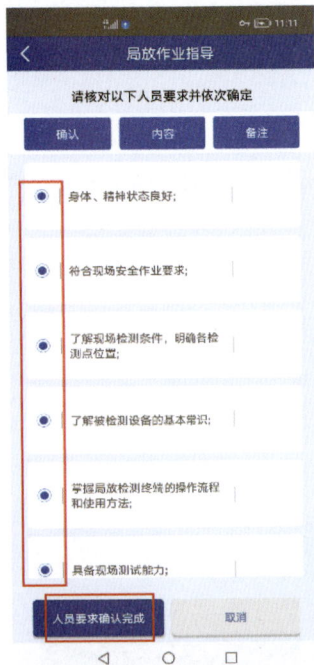

图24-9 人员要求确认

图24-10 工器具确认

图24-11 作业现场拍照

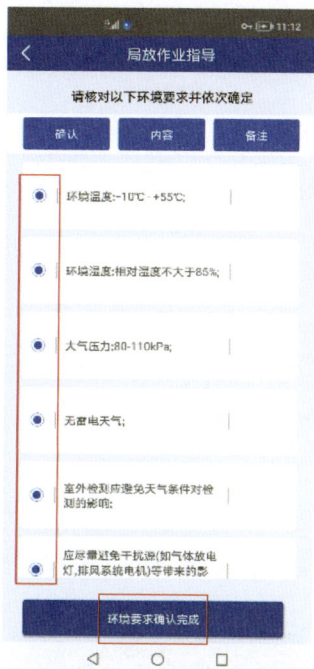

图24-12 环境要求确认

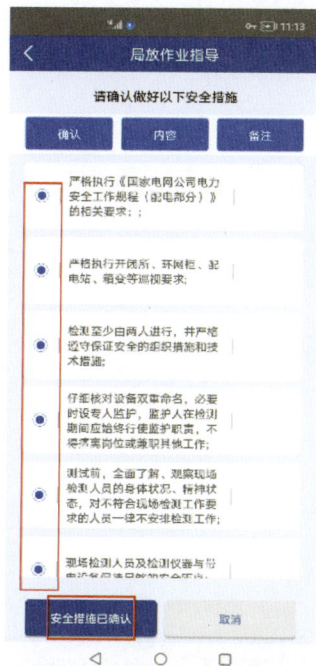

图24-13 安全措施确认

图24-14 获取外设

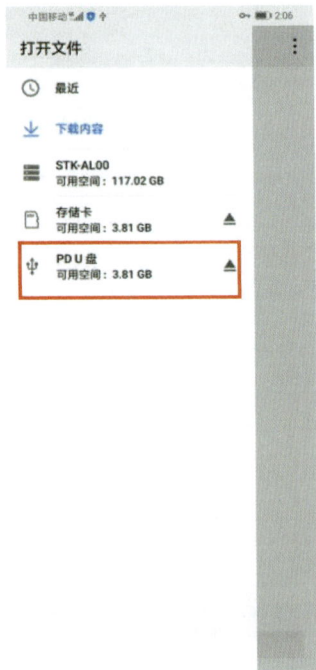

图24-15　选取连接设备

图24-16　台账排序下发

图24-17　台账下载

图24-18 检测设备排序

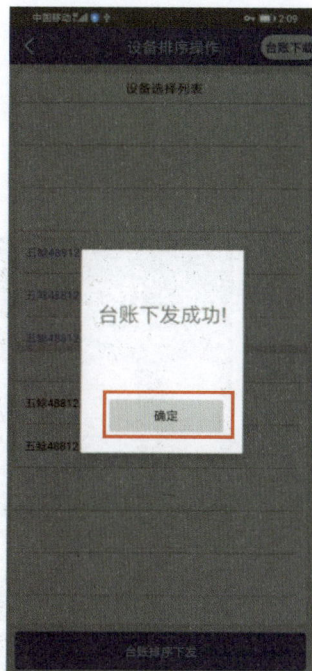

图24-19 台账下发成功

三　局放检测仪任务执行

设备检测台账下发后，操作人员断开智能终端与局放检测仪主机连接，手持局放检测仪对待测设备进行局放检测。

①点击【接入终端】→【任务列表】，如图24-20和图24-21所示。

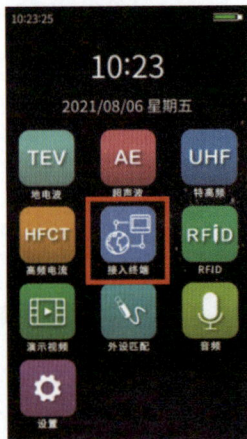

图24-20　接入终端

图24-21　任务列表

②选择导入的检测计划，点击【新建任务】，如图24-22所示。

③选择新建的检测任务，点击【打开】，如图24-23所示。

图24-22　新建任务

图24-23　打开任务

④操作人员持局放检测仪依次完成AE（超声波）、TEV（暂态地电压）、UHF（特高频）背景检测，并保存检测数据，如图24-24所示。

⑤操作人员根据台账顺序，依次对待测间隔进行AE、TEV、UHF检测，并保存检测数据，如图24-25所示。

⑥检测完成后退出检测页面，系统自动保存任务信息，如图24-26所示。

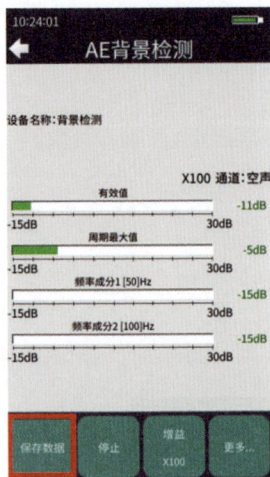

图24-24　背景测试　　　　　　　图24-25　设备检测　　　　　　　图24-26　保存任务信息

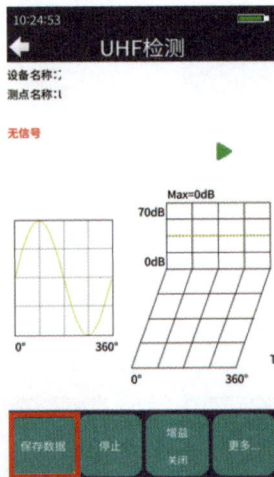

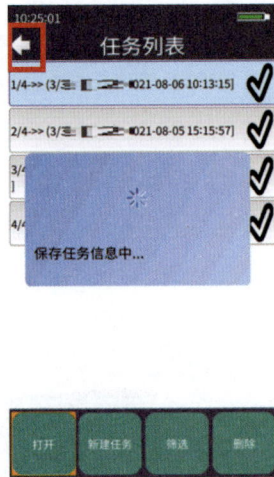

（四）局放检测结果回收与上传

现场局放检测任务完成后，操作人员再次用数据线连接手机智能终端与局放检测仪主机，在手机智能终端上将检测结果回收至终端并上传至供电服务指挥系统。

①点击【首页】→【运维作业】→【局放检测】，选择待回收任务，如图24-27和图24-28所示。

②点击【回收】→【获取外设】，选择【PD U盘】，如图24-29和图24-30所示。

③点击【回收】，如图24-31所示。

④点击【文件上传】，上传测点数据，结束巡视计划，点击【确定】，如图24-32和图24-33所示。

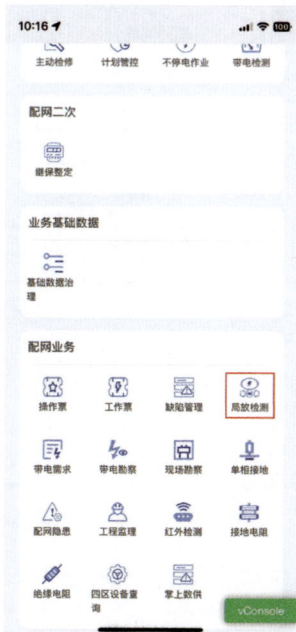

图24-27 局放检测

图24-28 选择任务

图24-29　获取外设

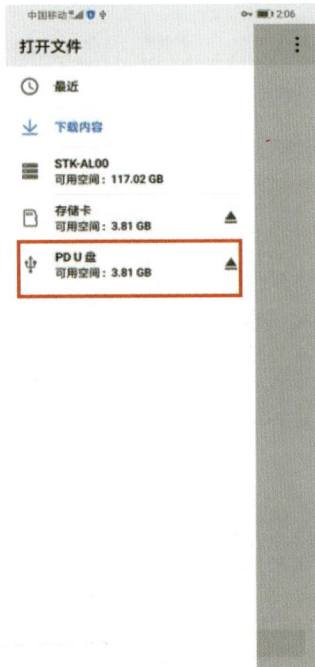

图24-30　选择连接设备

图24-31　回收数据

图24-32 文件上传

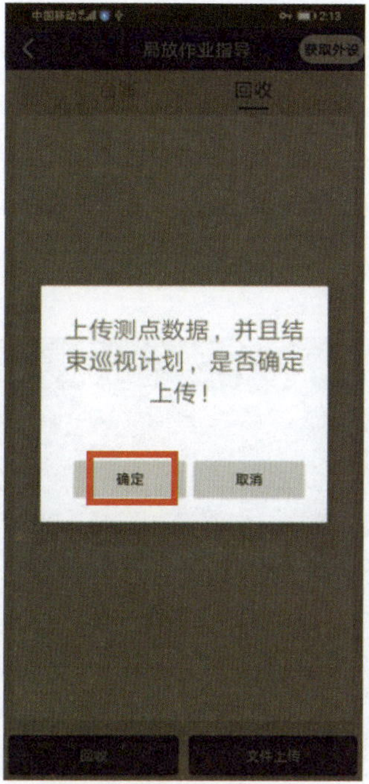

图24-33 结束巡视计划

五　局放检测结果查询与检测报告下载

检测数据回收上传后，班组长可在供电服务指挥系统中查看测点的检测结果。

进入供电服务指挥系统主界面，点击【功能菜单】→【业务处理】→【运维检修】→【检测管理】→【检测计划编制—中台】。

①在主表最左侧勾选需要查询任务数据，点击【查看巡视详情】，如图24-34所示。

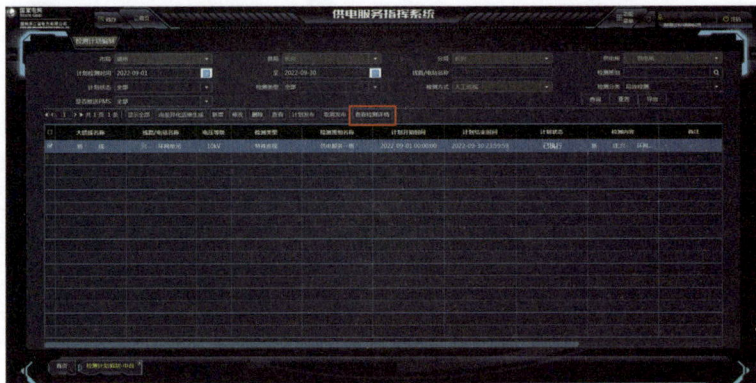

图24-34　查看巡视详情

②点击【局放检测】，在设备查询下选择需要查看的测点，点击【查看】，如图24-35所示。

③在测点下，选择需要查看的数据详情，点击【详情】，可查看测点测试结果，如图24-36和图24-37所示。

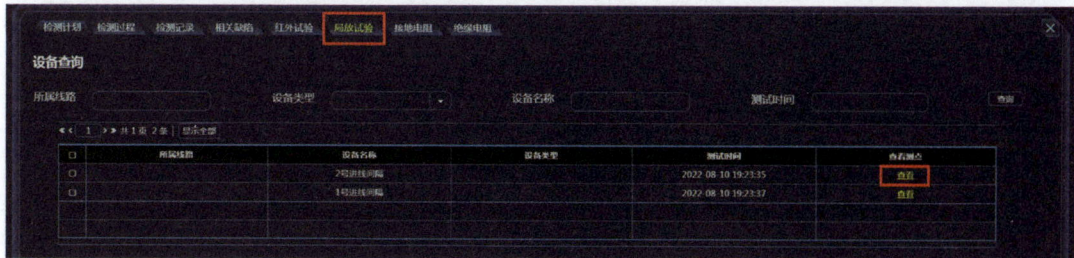

图24-35 查看测点

图24-36 查看详情

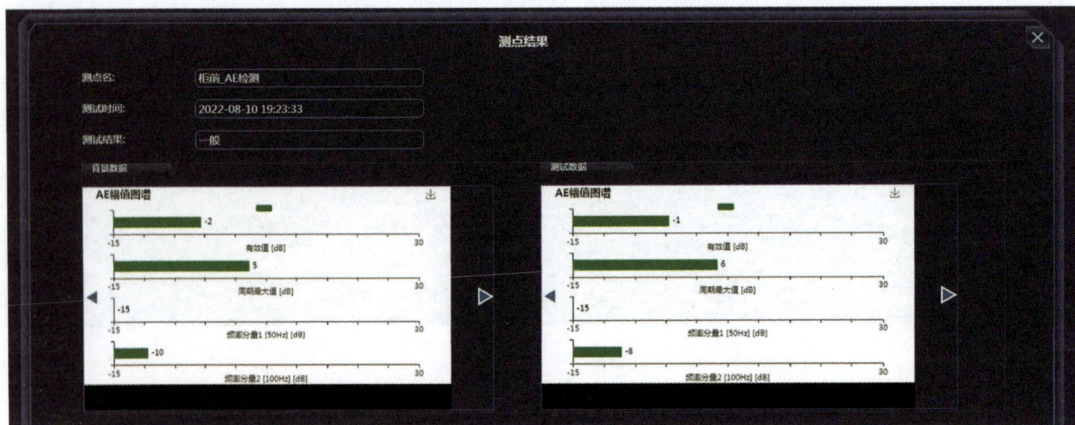

图24-37　测试结果详情

④点击【功能菜单】→【供电服务】→【配电网运营管控】→【配电网运营管理分析】，出现附带模块【配电网智能化巡视看板】，再点击【配电网智能化巡视看板】模块，在总体完成情况总界面下点击【巡视执行数】，选择对应供电所下的"计划数"柱状图，查看巡视计划清单，如图24-38所示。

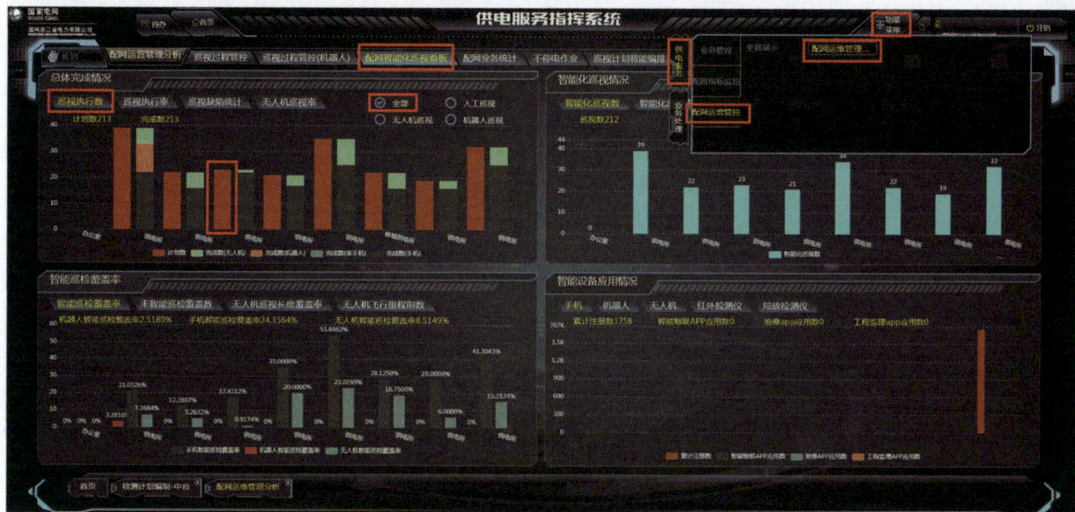

图24-38　查看巡视计划清单

⑤在巡视计划清单中查询需查看的检测计划，右拉滚动条，点击【查看巡视报告】，如图24-39所示。

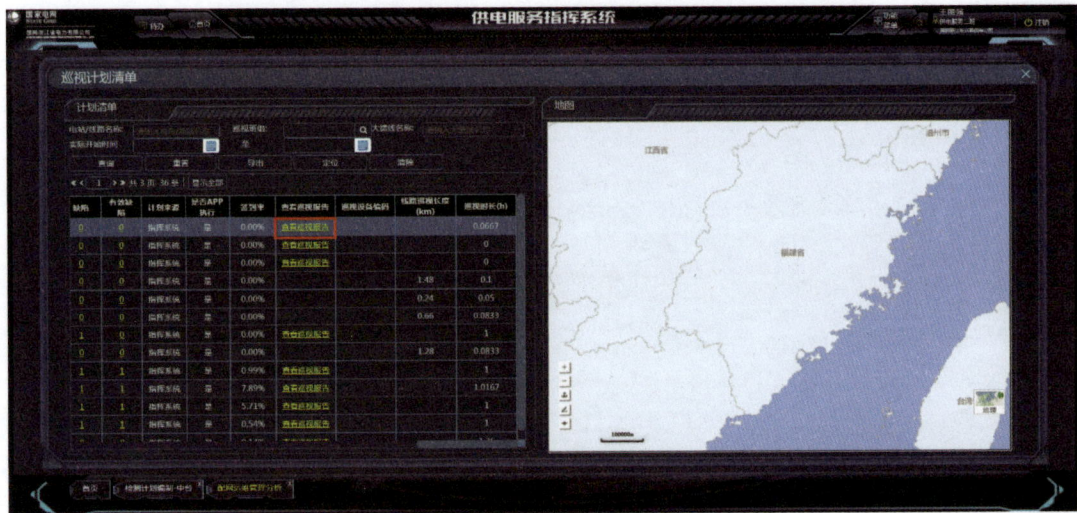

图24-39　查看巡视报告

⑥点击页面下方跳出的【局放检测报告_.xls】，可查看报告详情，如图24-40和图24-41所示。

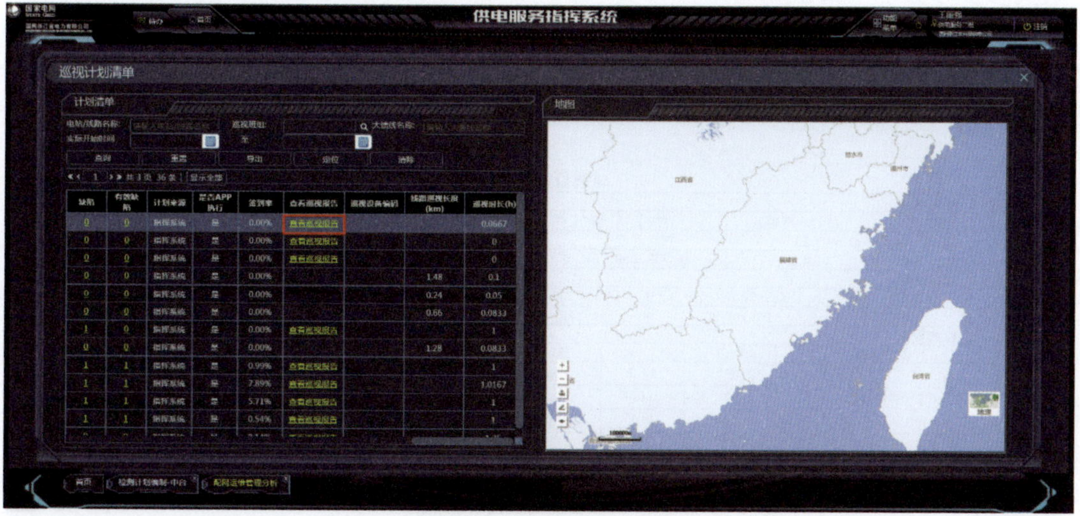

图24-40 查看巡视报告详情

局放检测报告

一、基本信息

开关站名	环环网单元	试验人员		试验日期	2022/9/10 9:19
温度	23	相对湿度	75	报告日期	2022/9/10 11:23
TEV背景（dB）	13.2	AE背景（dB）	-12	UHF背景（dB）	0

二、设备铭牌

设备型号	KBS-12/630-20	生产厂家	浙江x电气有限公司	额定电压(kV)	12kV
投运日期	2015/7/20	出厂日期	2014/5/13	出厂编号	2014051387453

三、检测数据

设备名称	柜前	幅值（dB）	诊断结果	柜后	幅值(dB)	诊断结果	备注
2号进线间隔	TEV	14.3	正常	TEV	13.5	正常	
	AE	-11.4	一般	AE	-11.2	一般	
	UHF	0.0	正常	UHF	0.0	正常	
1号进线间隔	TEV	15	正常	TEV	14.2	正常	
	AE	-11.6	一般	AE	-11.3	一般	
	UHF	0	正常	UHF	0.0	正常	
仪器型号	PDS-T95						
结论	2号进线间隔、1号进线间隔存在局放异常！						
备注							

图24-41　局放检测报告

第二十五章　绝缘电阻与接地电阻的检测

场景说明：国网湖州市长兴县供电公司雉城供电所根据计划对所属的线路设备进行检测，首先需要在供电服务指挥系统中完成检测计划编制，再到现场通过"i国网"App开展绝缘电阻与接地电阻测量，如图25-1所示。

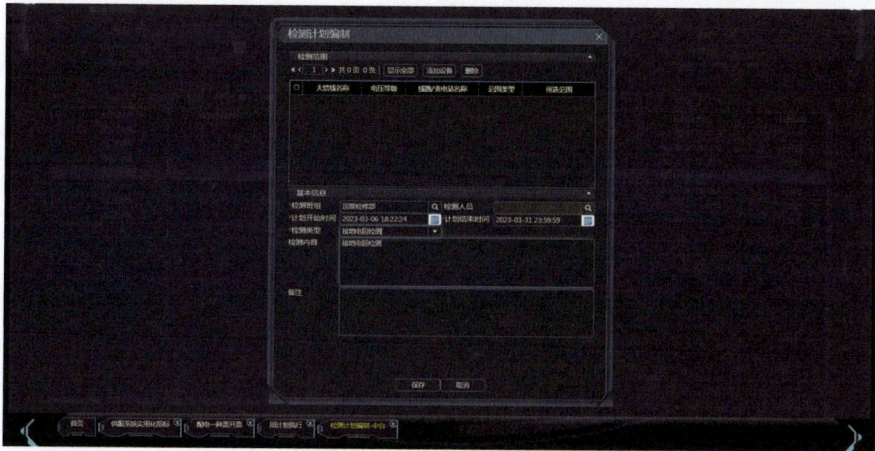

图25-1　检测计划编制与发布

账号准备：雉城供电所相关人员账号。

菜单路径：业务处理→检测管理→检测计划编制。

操作说明：班组长根据工作安排，进入【检测计划编制】，编制并发布绝缘电阻与检测电阻任务。

一　检测计划编制

①点击列表【新增】按钮。

②添加检测设备，选择计划开始时间、计划结束时间、检测分类等内容。

③保存并发布绝缘电阻与检测电阻任务。

二　"i国网"执行检测任务

计划发布后检测人员即可通过手机"i国网"查看到检测计划，到现场开展检测工作。

①进入"i国网"→当天接地电阻检测任务，如图25-2所示。

②添加检测设备并下派任务至仪器，如图25-3所示。

③接地电阻检测仪器进行检测，点击【接地电阻】按钮，如图25-4所示。

④在"i国网"回收检测结果并上传至系统，如图25-5所示。

图25-2 检测计划选取

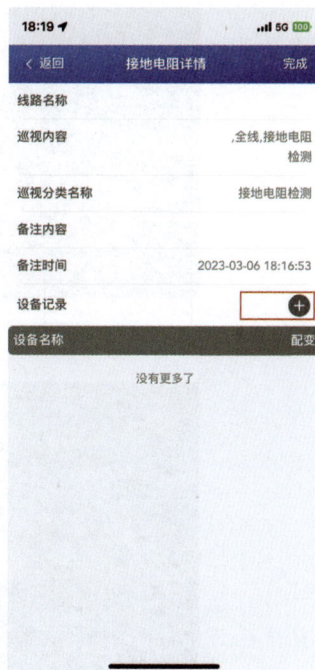

图25-3 检测计划下派

图25-4　开始检测接地电阻

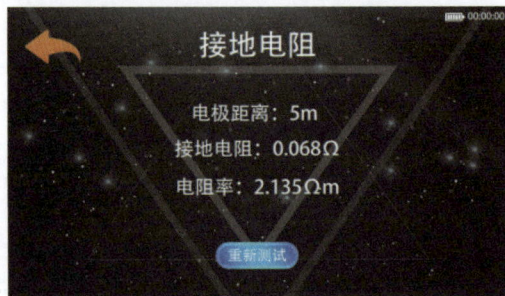

图25-5　接地电阻检测结果

⑤在"i国网"选择当天的绝缘电阻检测任务,如图25-6所示。

⑥添加检测设备并下派任务至仪器,如图25-7所示。

⑦绝缘电阻检测仪器进行检测,点击【绝缘电阻】,如图25-8所示。

⑧"i国网"回收检测结果并上传至系统。

⑨管理人员可在供电服务指挥系统端查看检测结果与检测报告,如图25-9所示。

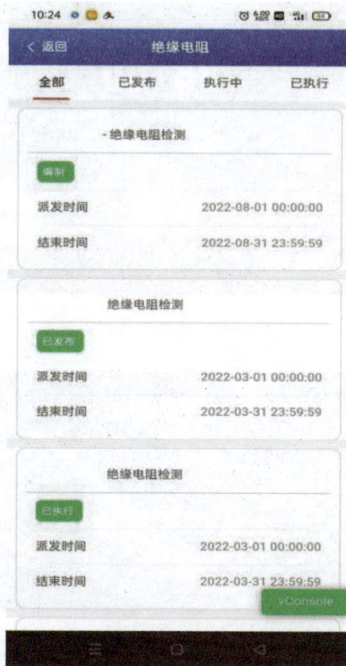

图25-6　选择检测任务

图25-7　下派任务

图25-8　开始检测绝缘电阻

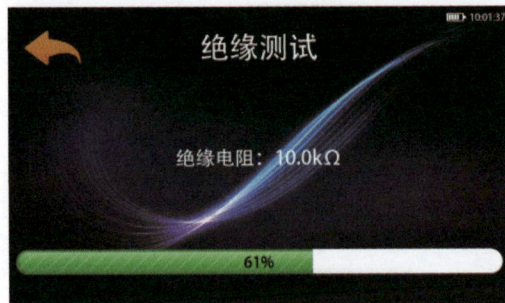

图25-9　绝缘电阻检测结果

第二十六章　单相接地故障定位与查询

　　场景说明：国网湖州市长兴县供电公司雉城供电所根据计划对所属的线路设备进行检测，首先需要在供电服务指挥系统中完成检测计划编制，再到现场通过"i国网"App开展单相接地故障定位，如图26-1所示。

　　账号准备：雉城供电所相关"i国网"人员账号。

　　菜单路径：单相接地。

　　操作说明：检测人员在"i国网"直接发起单相接地检测任务。

　　检测计划编制：

　　①点击【单相接地】内的【新增】按钮。

　　②选择线路并添加，如图26-2所示。

　　③完成作业前准备并向仪器派发检测任务，如图26-3所示。

　　④在故障线路上悬挂令克棒，仪器连接接地设备，如图26-4所示。

　　⑤向故障线路注入异频检测信号，如图26-5所示。

图26-1　"i国网"数字配网首页

返回　单相接地故障数字化检测

前庄1B8线

没有更多了

图26-3　仪器接口

新建　vConsole

图26-2　新增单相接地任务

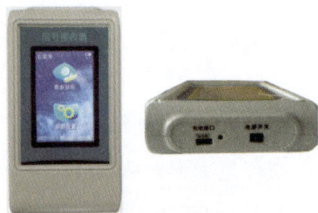

图26-4　挂接设备

图26-5　操控仪器

⑥信号接收器接收检测数据，如图26-6所示。

⑦"i国网"回收任务与检测数据，如图26-7所示。

⑧"i国网"完善检测报告并上传，如图26-8所示。

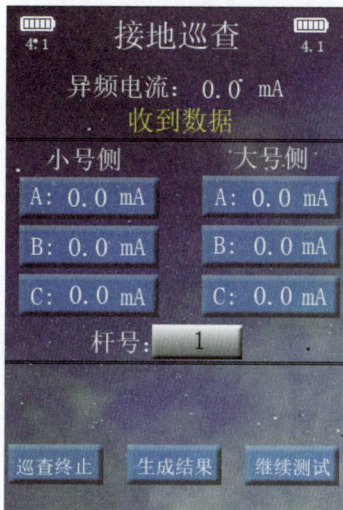

图26-6 接收数据

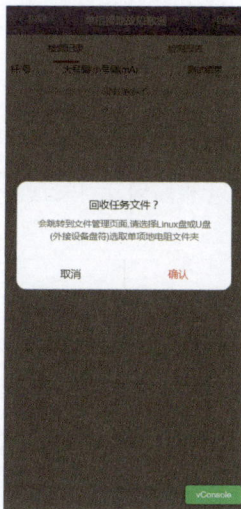

图26-7 回收数据

图26-8 上传报告

第二十七章　工程监理

场景说明：国网西湖区供电公司城北高压供电服务班根据计划对居宿84602线振荡波试验电缆拆、搭头工作进行监理，首先需要在供电服务指挥系统中完成检修周计划计划编制，再到现场通过"i国网"App开展监理记录登记、缺陷登记等操作。

账号准备：城北高压供电服务班相关人员账号。

菜单路径：功能菜单→业务处理→运维检修→检修管理→检修周计划关联工程。

操作说明：班组长根据工作安排，进入【检修周计划关联工程】，关联配电网计划。

一　检修周计划关联

①点击【功能导航】→【业务处理】→【配电网运维检修】→【检修管理】，进入【检修周计划关联工程】。

②选择需要关联数据，进行双击进入关联页面，如图27-1所示。

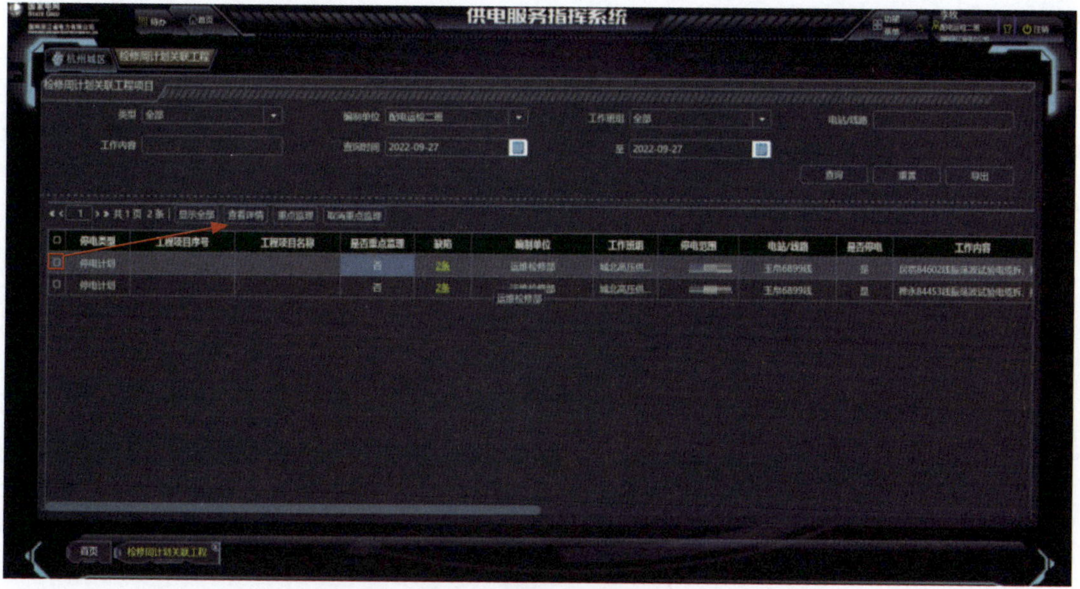

图27-1 检修周计划关联工程

③选择可关联工程（置灰不可选）点击【关联】或双击【数据】，即可关联成功，关联成功后在"i国网"进行操作，如图27-2所示。

图27-2　关联工程项目

二 "i国网"App监理

计划发布后监理人员即可通过手机"i国网"App查看到该条监理计划，到现场开展监理工作。

①打开"i国网"App，在工作台进入数字配网，点击【工程监理】。点击居宿84602线振荡波试验电缆拆、搭头工作，如图27-3所示。

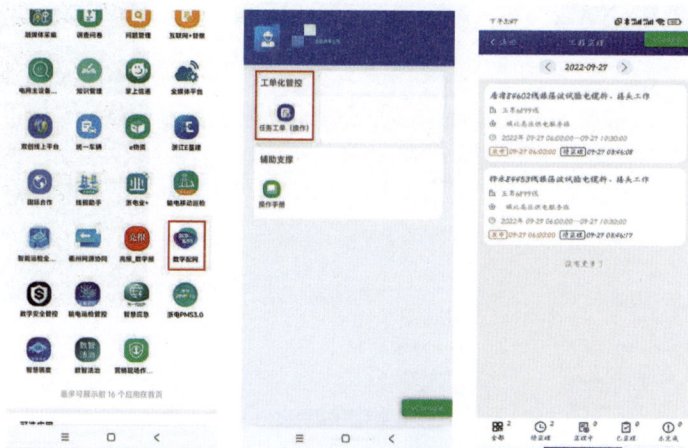

图27-3 "i国网"App查看监理工程

②监理信息维护选择项目状态为"待监理"数据，显示工程计划详情，如图27-4所示。

③点击"待监理"的数据，进入项目详情页，进行项目维护，监理开始时间在上传附件时自动获取，监理结束时间在结束监理时自动获取时间当前，如图27-5所示。

④天气：点击空白部分，选择当天天气情况中雨，点击【确认】，如图27-6所示。

图27-4 计划详情

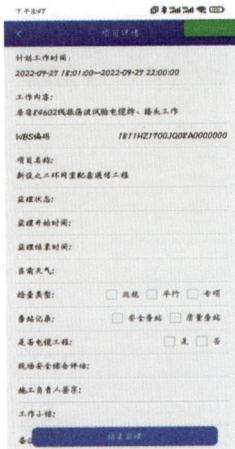

图27-5 项目详情（一）

图27-6 项目详情（二）

⑤检查类型选择巡视、平行、专项，如图27-7所示。

⑥旁站记录选择安全旁站、质量旁站。选择相关信息，点击【保存】，如图27-8和图27-9所示。

图27-7　检查类型

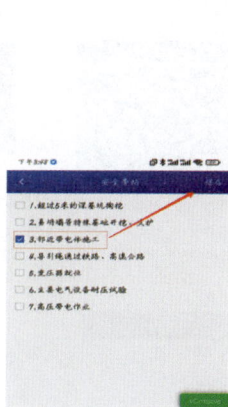

图27-8　安全旁站

图27-9　质量旁站

⑦现场安全综合评估：点击空白处，选择评估状态合格，如图27-10所示。

⑧施工负责人签字：点击空白处，施工负责人签字，如图27-11所示。

⑨工作小结：点击空白处，顺利完成，无异常，如图27-12所示。

⑩是否电缆工程，选择"是"，会多出来一个电缆关联工序，如图27-13所示。

工作票、全景图、关键点是必传项（每个至少上传1个附件），其他为非必传，电缆关键工程有7个可选性进行上传（工作井、排管、电缆中间接头和电缆终端头、转角井、盘圈井、接头井内部照片、电缆封堵情

图27-10　现场安全综合评价

图27-11　施工负责人签字

图27-12　工作小结

况），点击【工作票】进入页面点击【添加附件】，点击【拍照】或者去相册中选择图片附件进行上传，如图 27-14所示即为上传成功。

图27-13　电缆关联工序

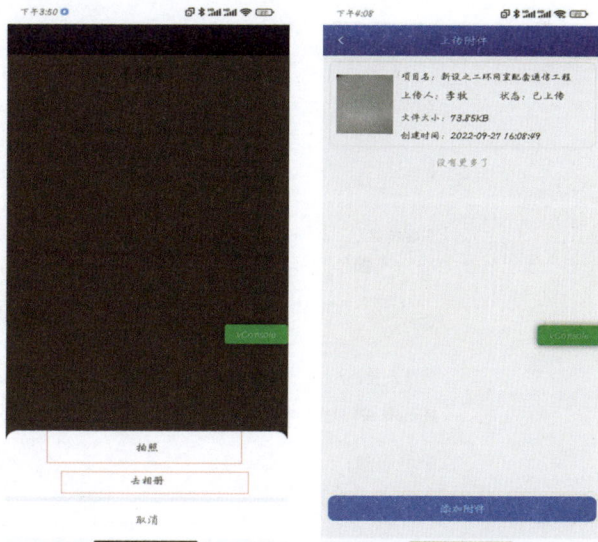

图27-14　附件上传

　　⑪问题及整改：工程需要整改，点击【＋】会弹出问题类别选择框，选择问题类型后，将发现的质量工艺、安全生产问题填入，要求1~3天内完成整改，如图27-15~图27-17所示。

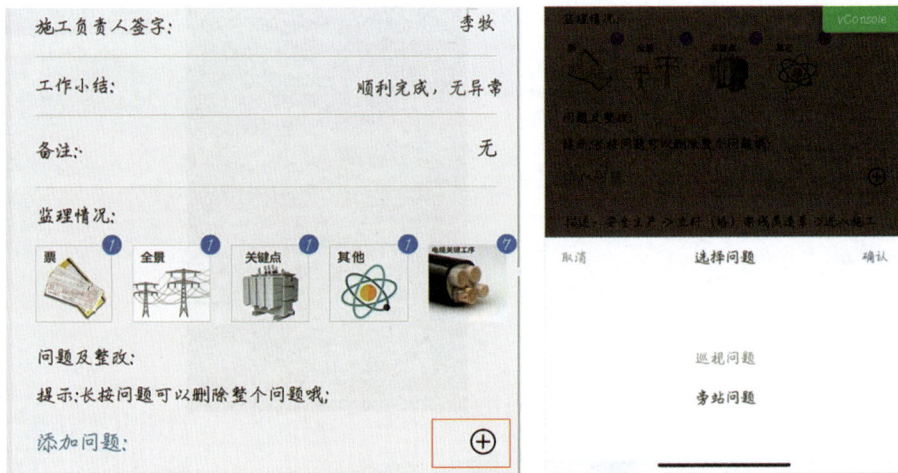

图27-15　选择问题类型

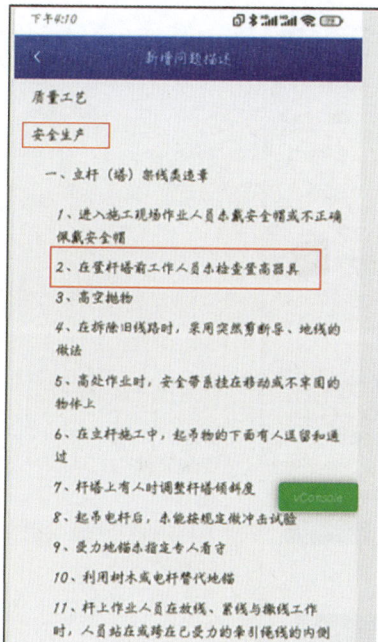

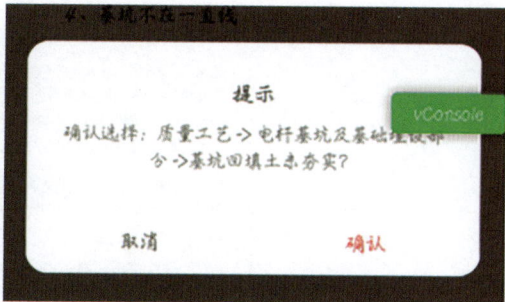

图27-16　问题描述

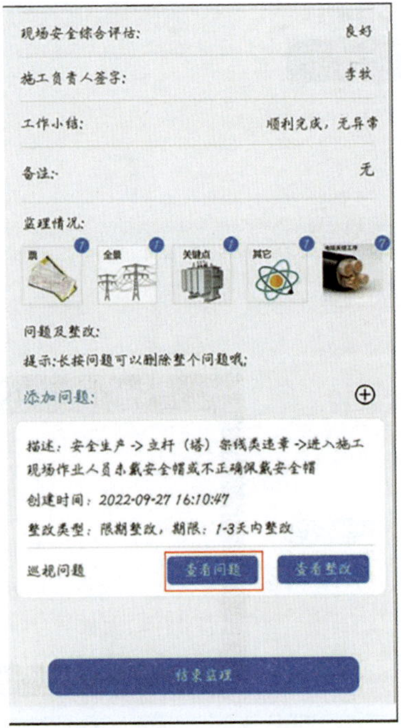
现场安全综合评估: 良好
施工负责人签字: 李牧
工作小结: 顺利完成，无异常
备注: 无
监理情况:
全景
关键点
其它
问题及整改:
提示:长按问题可以删除整个问题哦;
添加问题:
描述：安全生产 -> 立杆（塔）架线类违章 ->进入施工现场作业人员未戴安全帽或不正确佩戴安全帽
创建时间：2022-09-27 16:10:47
整改类型：限期整改，期限：1-3天内整改
巡视问题
查看问题
查看整改
结束监理

图27-17　查看问题

⑫问题信息维护完成后确认无误，点击【结束监理】，如图27-18所示。

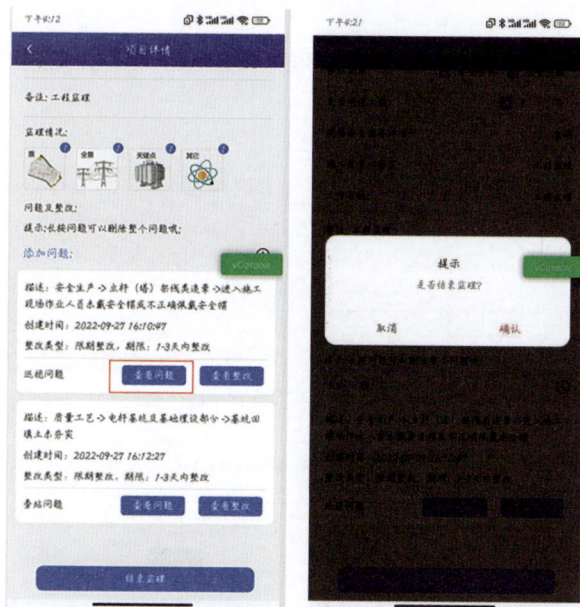

图27-18　结束监理

第二十八章　配电网两票操作

场景说明：国网湖州供电公司吴兴分公司城东供电所根据计划开展线路迁改工作。

账号准备：城东供电所相关人员账号。

一　工作票编制

工作票填写人进入开票界面，关联周计划、勘察单，填写工作时间、计划工作时间、安全措施、许可方式、上传相关附件，如图28-1所示。

二　工作票签发及接票

工作票签发人、第二签发人签发后，工作负责人进行接票操作，如图28-2所示。

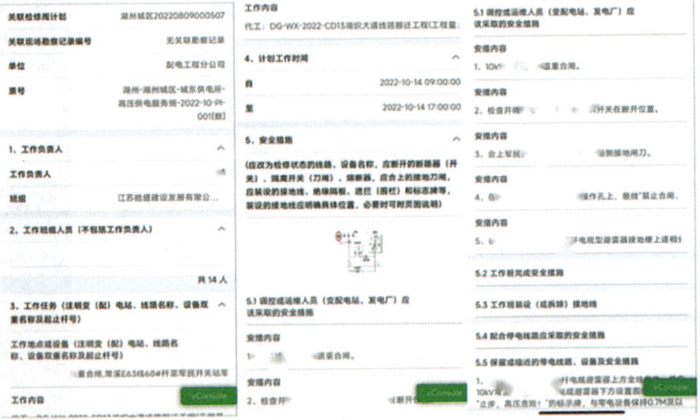

图28-1　工作票编制

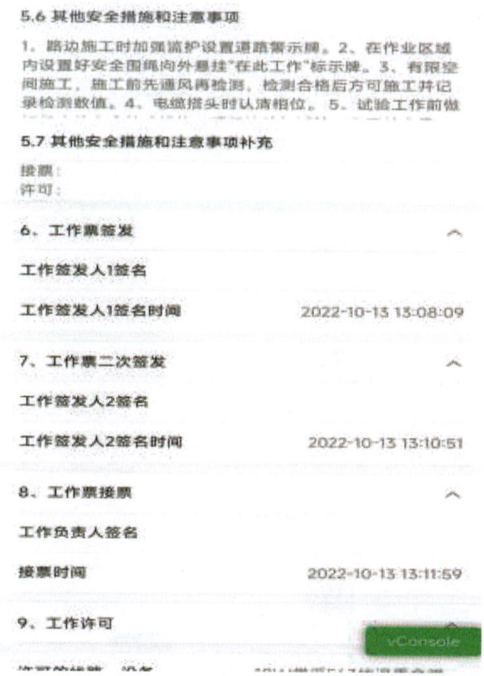

5.6 其他安全措施和注意事项

1. 路边施工时加强监护设置道路警示牌。2. 在作业区域内设置好安全围绳向外悬挂"在此工作"标示牌。3. 有限空间施工，施工前先通风再检测，检测合格后方可施工并记录检测数值。4. 电缆搭头时认清相位。5. 试验工作前做

5.7 其他安全措施和注意事项补充

接票：
许可：

6. 工作票签发 ⌃

工作签发人1签名

工作签发人1签名时间　　　　　2022-10-13 13:08:09

7. 工作票二次签发 ⌃

工作签发人2签名

工作签发人2签名时间　　　　　2022-10-13 13:10:51

8. 工作票接票 ⌃

工作负责人签名

接票时间　　　　　　　　　　2022-10-13 13:11:59

9. 工作许可 ⌃

图28-2　工作票签发及接票

三　工作票许可

　　工作票许可人、工作票负责人分别进行签名确认（任意一方签完名后需要先点【保存】），之后在最下面【附件】一栏上传安全措施布置附件，许可人和负责人都签完名后，任意一方都可以点【发送】使票进入下一环节，如图28-3所示。

图28-3　工作票许可

四　工作票执行

　　工作负责人先在安全交底下面的班前会照片进行上传，再进行小组成员安全交底签名确认，再点击【开工】，如图28-4所示。

图28-4　工作票执行

五　工作终结及工作票归档

　　工作负责人填写工作终结有关内容，工作负责人对工作终结报告中工作负责人进行签名。工作许可人对工作终结报告许可人进行签名。在填写班后会照片后点击【发送】，窗口关闭，提示票终结成功。工作票归档，如图28-5所示。

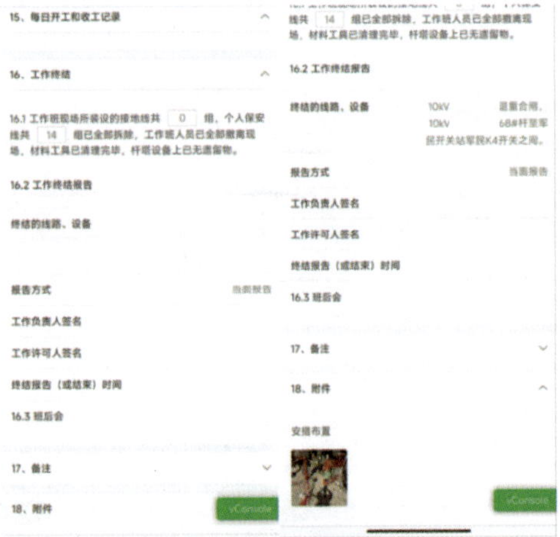

图28-5　工作终结及工作票终结

第二十九章 带电作业勘察与需求单执行

一 带电作业勘察

账号准备：带电作业班相关人员账号。

菜单路径：业务处理→运维检修→现场勘查管理二期→带电作业勘察。

工作内容：10kV仙潭134线双桥支线58号杆仙潭13460开关上引线带电拆除、搭接，下引线带电拆除、搭接。

工作时间：某年10月13日8:00:00~某年10月13日17:00:00，如图29-1所示。

图29-1 配电带电作业勘察

（一）带电作业勘查单编制

步骤：业务处理→运维检修→现场勘查管理二期→带电作业现场勘查记录编制。

①在带电作业现场勘查记录编制页面点击【新增】按钮，弹出配电带电作业现场勘察记录页面，如图29-2所示。

图29-2 带电作业现场勘查记录编制

②点击图29-2页面上方的【关联检修周计划】按钮，弹出图29-3页面，根据工作内容、时间、作业地点查询到该周计划，勾选并进行关联。

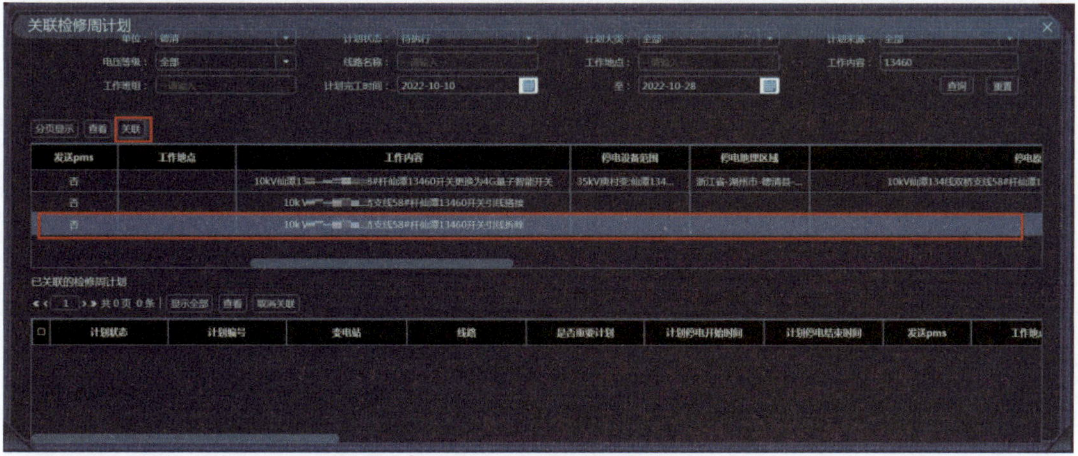

图29-3 关联检修周计划

③按工作内容规范填写现场勘察记录，如图29-4所示，点击上方【保存】按钮。

图29-4　现场勘查记录内容填写

④进入业务处理→运维检修→现场勘查管理二期→带电作业现场勘查记录编制，选中新增的勘察记录进行打印并发送，如图29-5所示。

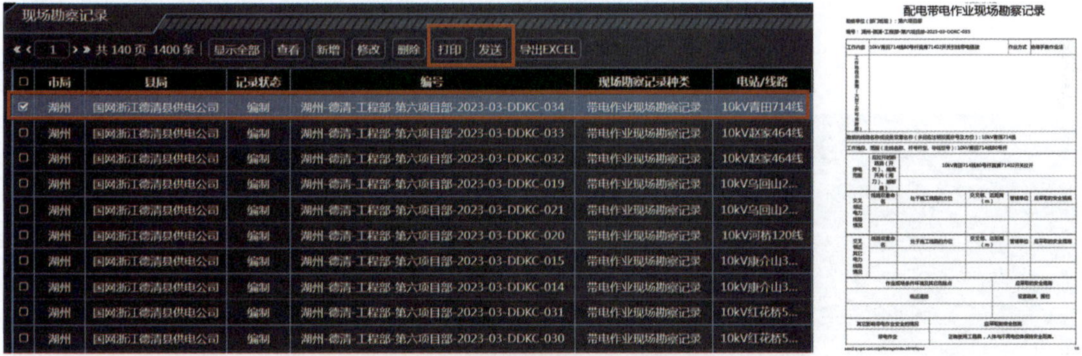

图29-5 现场勘查记录打印并发送

（二）配电带电作业现场勘察单回填

步骤：业务处理→运维检修→现场勘查管理二期→带电作业现场勘查记录回填。

①进入业务处理→运维检修→现场勘查管理二期→带电作业现场勘查记录回填，勾选"待回填"的勘察记录，并点击上方【回填】按钮，如图29-6所示。

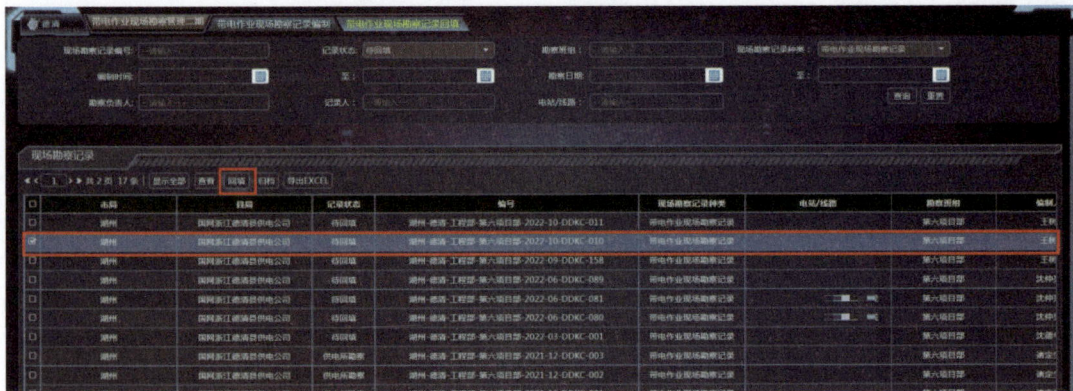

图29-6　现场勘查记录回填

②在回填页面中点击上方【上传纸质记录照片】按钮进行附件上传，如图29-7所示。

图29-7　上传纸质记录照片

③在图29-7页面中点击【保存】按钮进行保存，点击【归档】按钮进行归档。归档后的记录在业务处理→运维检修→带电作业需求管理界面，状态显示为"已归档"，如图29-8所示。

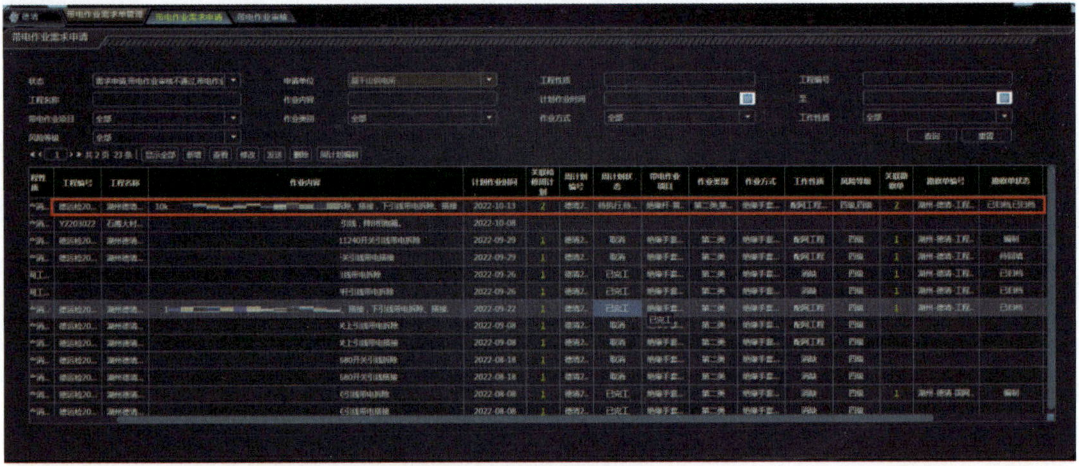

图29-8　勘察记录归档

二 带电作业需求

账号准备：莫干山供电所相关人员账号。

菜单路径："i国网"→浙江电力工作台→数字配网→带电需求。

工作内容：10kV仙潭134线双桥支线58号杆仙潭13460开关上引线带电拆除、搭接，下引线带电拆除、搭接。

工作时间：某年10月13日8:00:00~某年10月13日17:00:00，如图29-9所示。

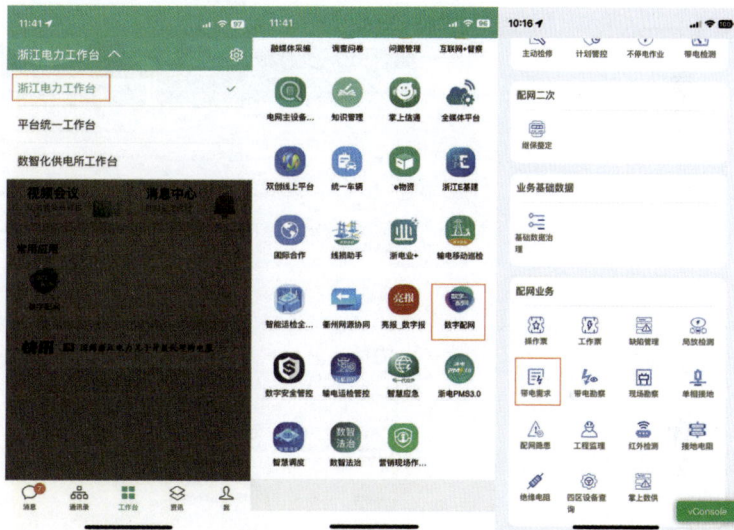

图29-9 "i国网"带电作业需求

（一）带电作业需求单编制

①点击页面【带电需求】图标，弹出【带电作业需求管理】界面，如图29-10所示。

图29-10　带电作业需求管理

②选择右下角的【+】图标，添加新的需求申请，并根据计划工作依次填写工作性质、工程编号、工程名称、作业内容、现场地形情况、计划作业方法、计划作业时间、联系人名称及联系人电话，如图29-11所示，填写完成后点击左下方【保存】按钮，回退到【带电作业需求管理】界面。

③在【带电作业需求管理】界面中点击刚刚保存的需求单，点击点位照片一栏中的【+】按钮，输入点位名称，上传3张照片（作业点线路杆号牌名称、作业杆塔杆顶线路装置情况照片、作业点现场全景照）。点击下方【提交】按钮，如图29-12所示。

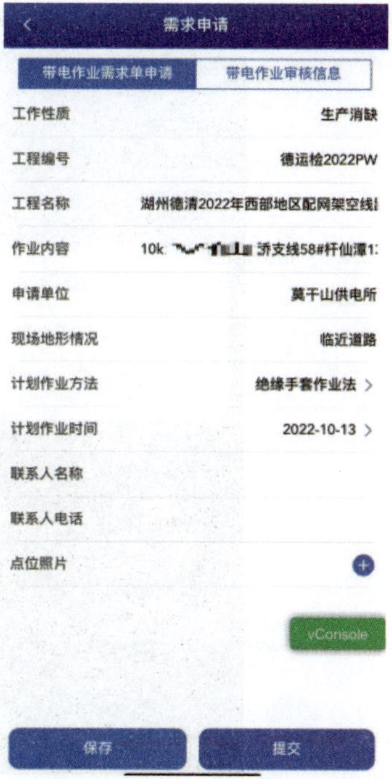

图29-11 带电作业需求单编制

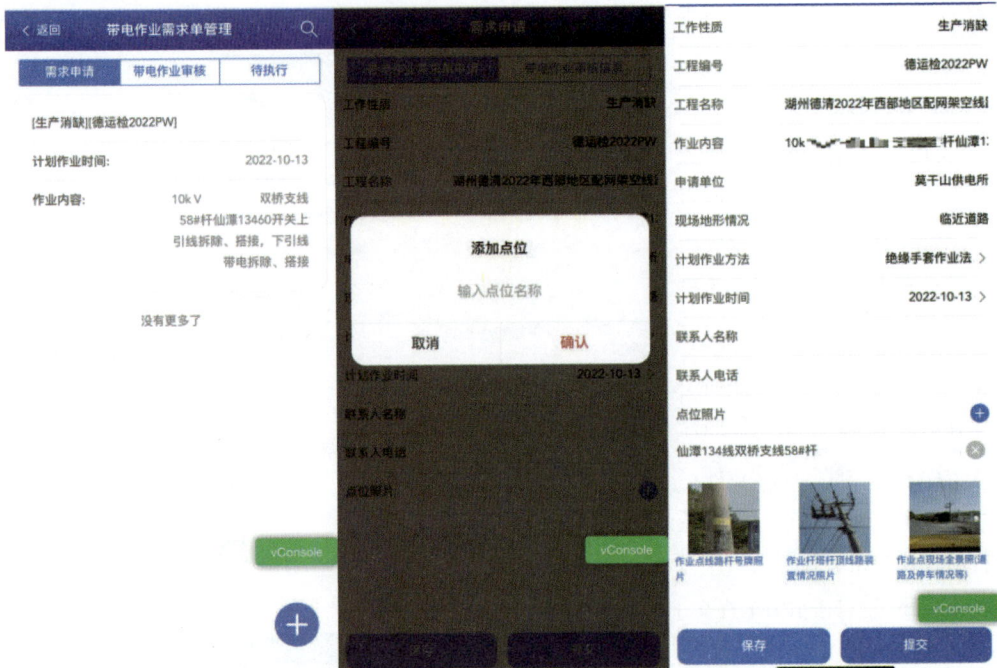

图29-12　带电作业需求单编制

④使用带电班成员账号，进入【需求申请】界面，点击页面上的【带电作业审核信息】按钮，进入图29-13的页面进行带电作业审核。审核通过则审核意见栏中填写【同意】并点击下方【发送】按钮，带电作业需求单进入"待执行"环节；未通过则在审核意见栏中填写未通过原因，并点击下方【回退】按钮，带电作业需求单回退到需求申请环节。

图29-13　带电作业需求单审核

（二）带电作业需求单执行

步骤：业务处理→运维检修→带电作业需求管理→带电作业需求管理。

当带电需求审核通过时，带电作业进入待执行状态如图29-14所示，此时勾选中想要执行的需求，点击界面中的【周计划编制】按钮，弹出【周计划编制界面】，即可将该需求录入周计划。

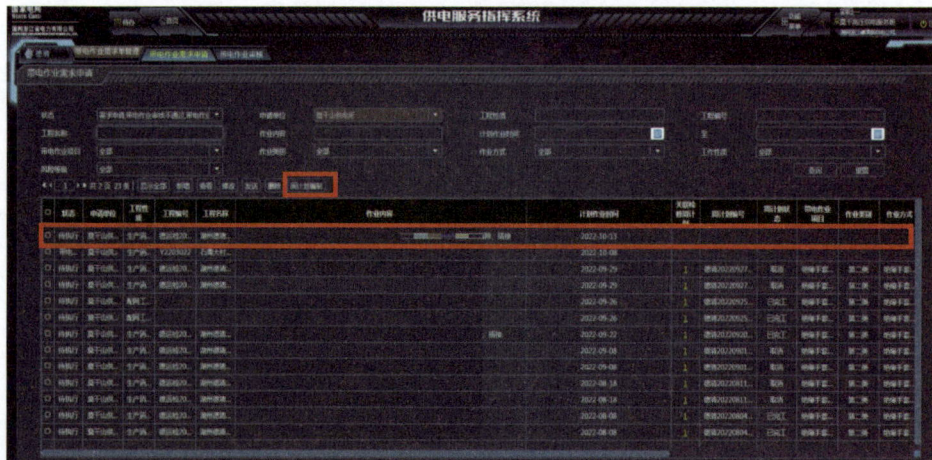

图29-14　周计划编制

第三十章　继保智能开关整定执行

场景说明：国网湖州市长兴县供电公司雉城供电所35kV长桥变伏家340线柱上开关整定新增。

账号准备：雉城供电所相关人员账号。

菜单路径：业务处理→配电网运维检修管理→定值管理。

操作说明：通过在定值管理模块中开展智能开关整定形成定值单，下发定值单由现场人员通过"i国网"在设备上进行执行下发，并将完成情况推送回供电服务指挥系统，形成配电网保护整定单的全过程管理。

一　收资单编制

打开定值管理页面，点击列表【新增】按钮，打开新建收资单页面，如图30-1所示。

图30-1　收资单的新建

点击【设备名称】放大镜按钮通过设备树选择35kV长桥变伏家340线柱上开关，编辑该设备相关基础参数，如图30-2所示。

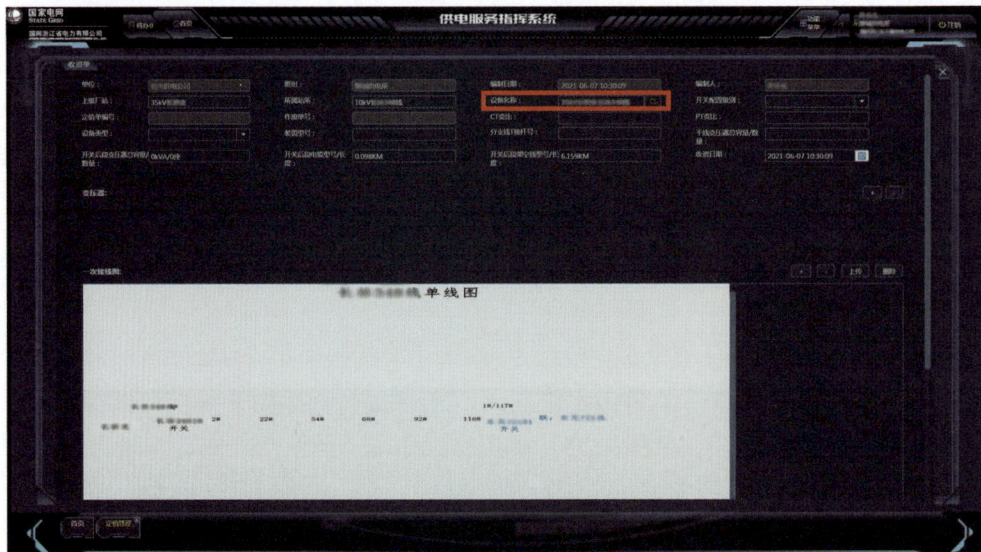

图30-2 编辑收资单内容

点击【上报】上报到收资审核环节，如图30-3所示。

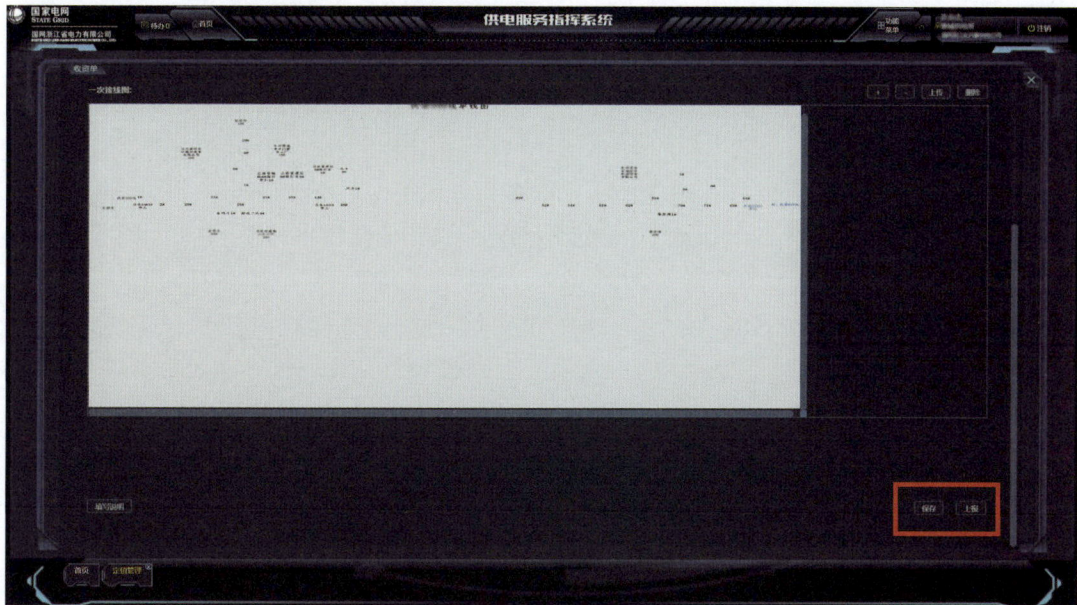

图30-3　收资单上报

二　收资单审核

收资单审核人员在定值单流程状态选择【收资审核】，点击【查询】获取待审核数据，如图30-4所示。

图30-4　收资单审核页面

在收资审核列表中双击数据或勾选所要修改的数据并且点击【修改】按钮，进入到修改数据页面，如图30-5所示。

点击【上报】上报到收资通过环节。点击【回退】回退到收资编制环节。

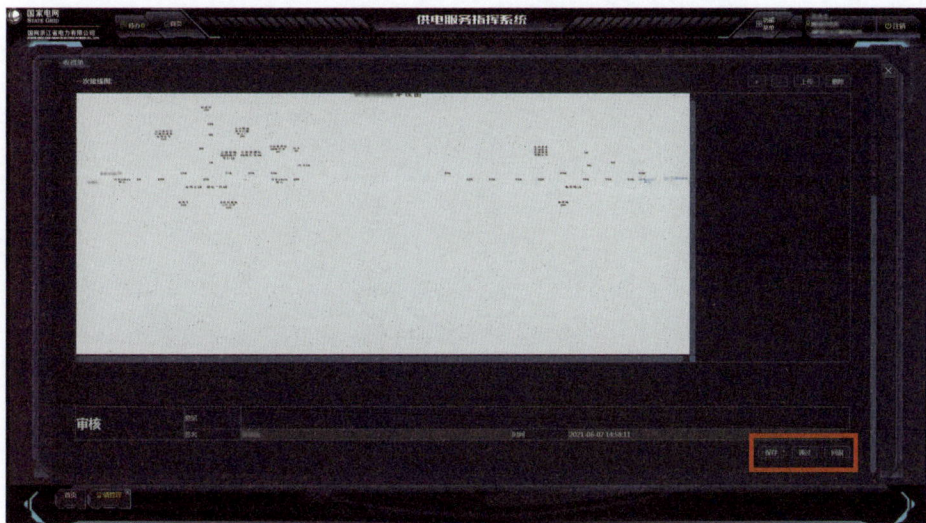

图30-5 收资单审核

三　定置单编制

定值单编制人员在收资通过列表中勾选所要处理的数据并且点击【生成定值单】按钮，进入定值单编制页面，如图30-6所示。

图30-6　定值单编制

定值编制人员根据设备整定结果在定值表格中填写具体的定值。

点击【完成】上报到定值校核环节。

四　定值单校核

定值校核人员在定值校核列表中勾选所要修改的数据并且点击【修改】按钮，进入修改数据页面。

校核无误后，校核人员点击【保存】定值单，状态到定值校核环节。

点击【完成】上报到定值复核环节。点击【回退】回退到定值编制环节。

五　定值单复核

定值复核人员在定值复核列表中勾选所要修改的数据并且点击【修改】按钮，进入修改数据页面，如图30-7所示。

复核无误后，点击【完成】上报到定值批准环节。点击【回退】回退到定值编制环节。

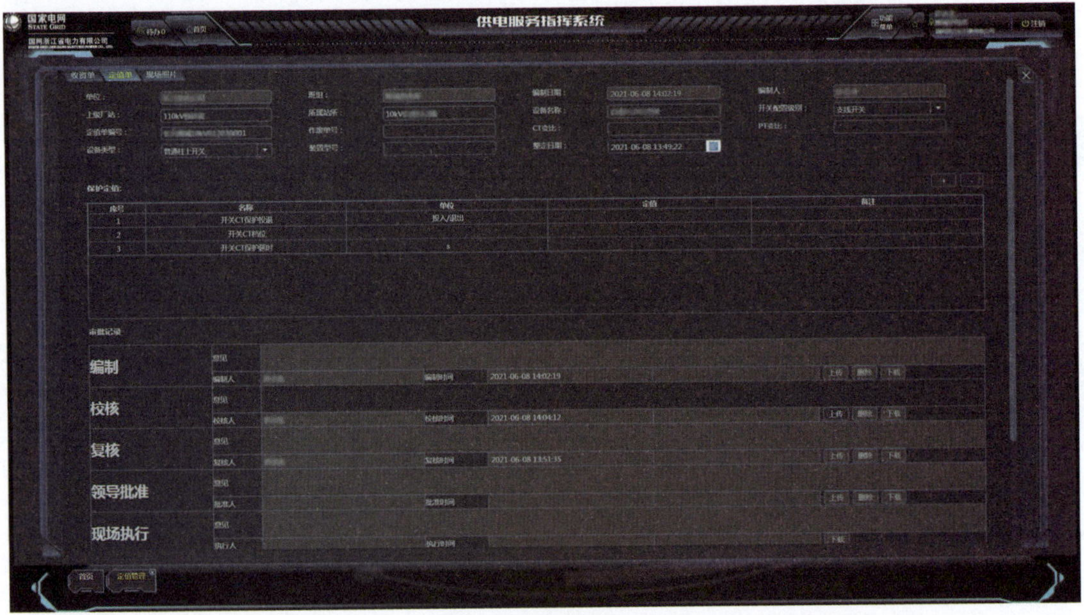

图30-7　定值单复核

六　定值单批准

定值单批准人员（分管领导）在定值批准列表中勾选所要修改的数据并且点击【修改】按钮，进入修改数据页面，如图30-8所示。

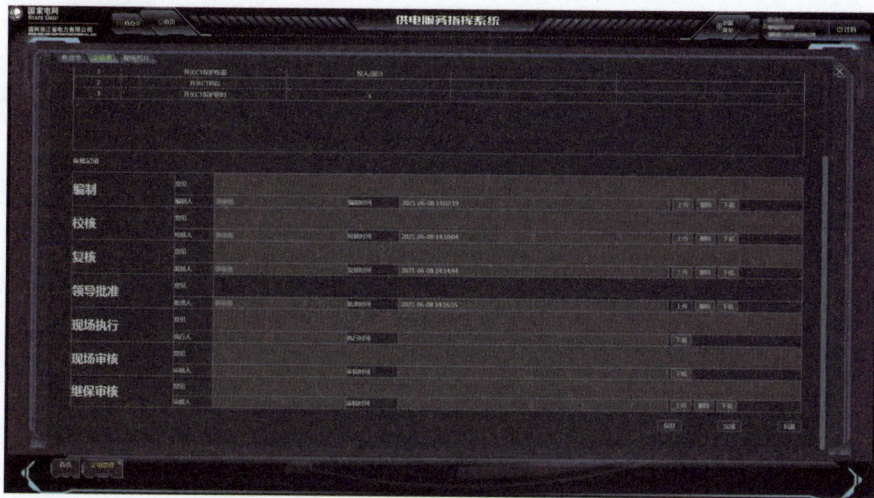

图30-8　定值单批准

领导审阅无误后，批准人员点击【保存】定值单，状态到定值批准环节。

点击【完成】发送到"待执行"环节。点击【回退】回退到定值编制环节。

以上，完成供电服务指挥系统内整定单的审批流转。

七　"i国网"定值整定任务查询

现场供电所人员以"班组人员"的角色登录"i国网"，点击主菜单【数字配网】中的【继保整定】，进入页面，如图30-9所示。

可通过时间范围查询功能，选择【开始时间】和【截止时间】，可以查询出对应时间段的定值单记录，如图30-10所示。

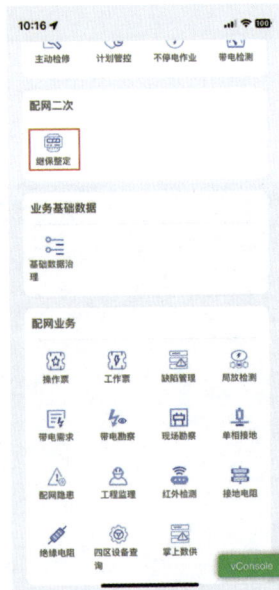

图30-9　"i国网"继保整定页面

图30-10　继保整定查询页面

八　定值单执行

　　在定值单列表页选中需要执行的工单，点击进入详情页，页面如图30-11所示。首先是"准备"工作点【未完成】按钮，展示定值整定准备页面。

　　点击第一项【整定人员情况】，弹出整定人员情况页，如图30-12所示。

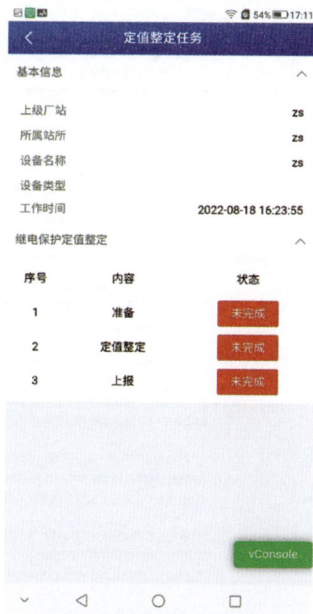

图30-11　继保整定任务页

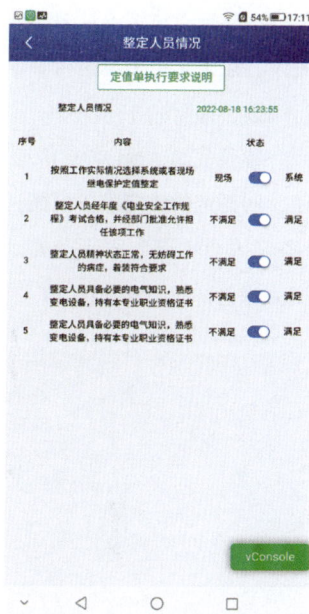

图30-12　整定人员情况

在整定人员情况页对所有内容进行置位，点击【定值单执行要求说明】进行阅读，如图30-13所示。

置位完成，点左上角返回箭头按钮，回到定值整定准备页面，可以看到"整定人员情况"已经完成，右侧按钮变为绿色，如图30-14所示。

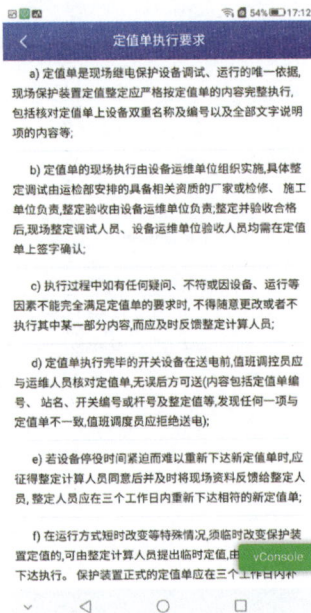

图30-13　定值单执行要求说明

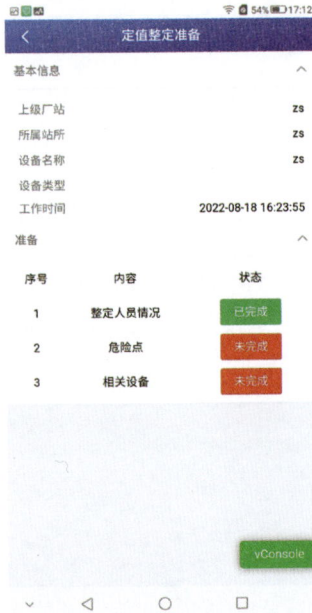

图30-14　整定人员情况完成

· 点击第二项【危险点】，打开危险点操作页面，如图30-15所示。对所有危险点进行置位操作，点左上角返回箭头按钮，回到定值整定准备页面。

点击第三项【相关设备】，打开相关设备内容页面，如图30-16所示。对所有设备状态进行置位操作，然后点左上角返回箭头按钮，回到定值整定准备页面。

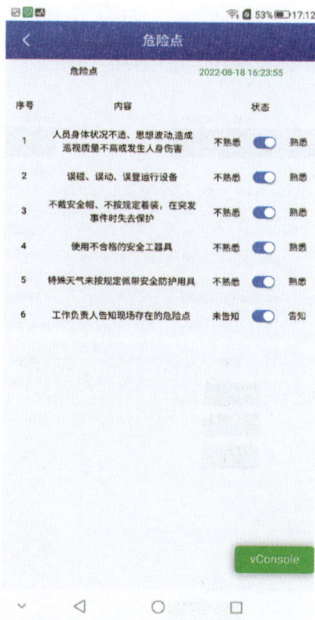

图30-15 危险点准备页面

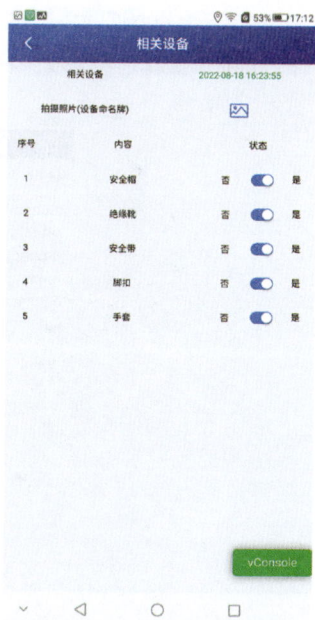

图30-16 相关设备准备页面

点击左上角返回箭头按钮，回到定值单详情页，如图30-17所示。

"准备"工作已经完成，右侧按钮变为绿色，如图30-18所示。

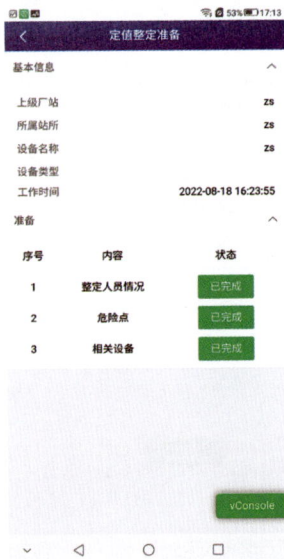

图30-17　定值单详情页

图30-18　准备工作完成页

现场人员点击第二项【定值整定】右侧的按钮，弹出待执行设备定值整定页面，根据定值单定值进行整定确认，并需上传现场整定图片，如图30-19所示。

然后点击【工作负责人】控件，弹出人员选择列表，选择执行人员，如图30-20所示。

选择好执行人员后，点击【返回】按钮。回到工单详情页。

点击【上报】按钮，执行环节走完，定值单进入归档环节。

图30-19　上传现场照片

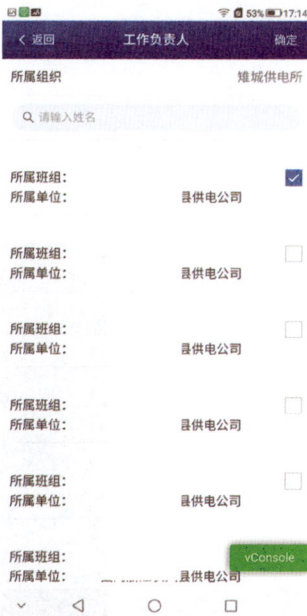

图30-20　执行人员选择

九 继保审核

继保人员在供电服务指挥系统继保审核列表中勾选所要修改的数据并且点击【修改】按钮，进入修改数据页面，如图30-21所示。

点击【完成】上报到归档环节。点击【回退】回退到待执行环节。

图30-21 定值单继保审核

十　定值单归档

处于归档环节的定值单可以在导航栏根据需求进行筛选、查询和导出定值单，如图30-22所示。

图30-22　定值单归档

第三十一章　工单化操作管理

　　场景说明：国网长兴供电公司雉城供电所10kV长海859线于某年10月4日、10月7日跳闸，重合成功，两次皆未明确找到故障点。

　　账号准备：雉城供电所高压供电服务班班组成员供服账号。

　　菜单路径：业务管控→工单化→工单化管理。

　　操作说明：通过供服派发整改单给高压班班组人员，告知其予以关注做好整改，在"i国网"反馈整改情况，并完成系统接单闭环。

一　整改单派发

　　①整改单编制：在供电服务界面右上角找到【功能菜单】→【供电服务】→【业务管控】→【工单化管理】，点击进入【工单化管理】界面，点击【新增】，如图31-1所示。

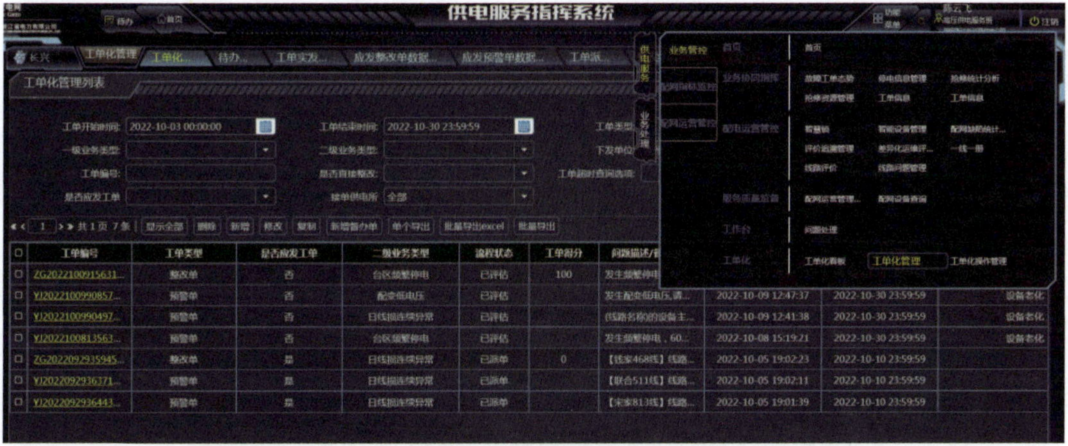

图31-1 整改单派发界面

②在弹出的对话框中，点击【关联设备】，在设备树中找到【下箬变】→【长海859线】，勾选点击确定，如图31-2所示。

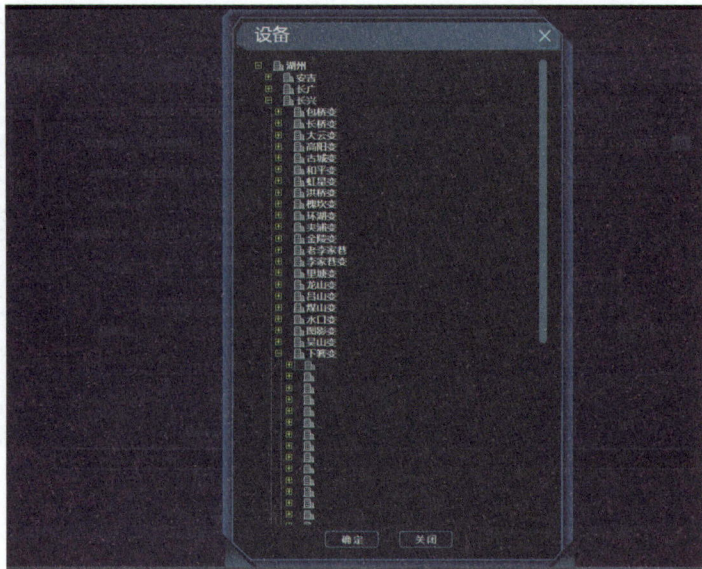

图31-2　添加设备树

③【要求反馈时限】按需填写，选择好【接单人】、【审核人】,【评估人】自动选择为审核人,【整改是否上传附件】按需填写,【工单抄送】按需添加人员,【问题描述】新增的时候系统会根据【二级业务类型】自动填写，也可自行手动修改。填写完成后点击【派单并短信通知】，如图31-3所示，此时接单人会收到短信通知，至此整改单派发完成。

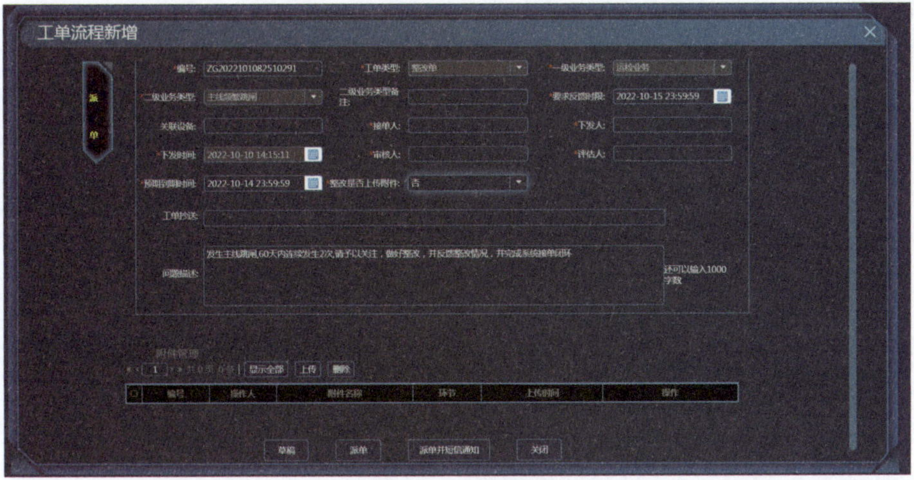

图31-3　工单详情填写

二　整改单执行

（一）整改单反馈

整改单派发后，接单人员登录"i国网"App，通过【数字配网】→【工单化管控】进入操作界面，切换到【工单化操作管理】页，点击TAB页切换到【整改单】页，选择需要反馈的工单点击进入详情页，如图31-4所示。

接单人员根据问题描述开展线路巡视，巡至农贸市场环网单元时，发现农贸市场专变进线柜放电，明确故障点。

接单人员在现场使用"i国网"App接单，在工单详情页点击【反馈】按钮进入操作界面，填写【计划完成时间】和【原因反馈】，【是否直接整改】选择"否"，点击【上传位置】上传经纬度坐标，点击【上传图片】上传放电开关柜照片，如图31-5所示。填写完毕后点【提交】，工单流转到审核环节。

（二）整改单审核

在【工单化管控】操作界面，切换到【工单化管理】页，点击右上角【+】，在弹出的选项中选择【待办】进入待办页，点击TAB页切换到【整改单】页，可看到当前需审核的工单，如图31-6所示。

点击工单进入详情页，在【已反馈】页点击【审核】按钮进入审核页面，如图31-7所示，填写好【审核意见】和【审核分数】，点击【通过】按钮工单流转到整改环节。

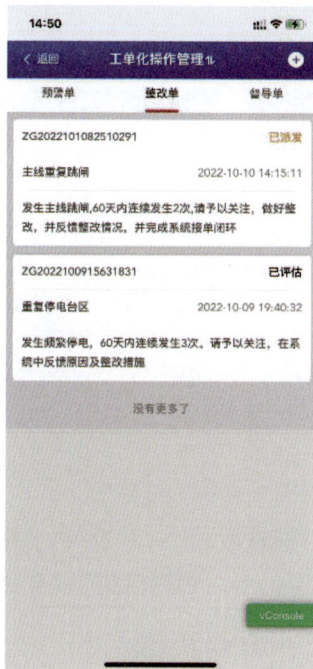

图31-4　整改单详情

图31-5　反馈填写

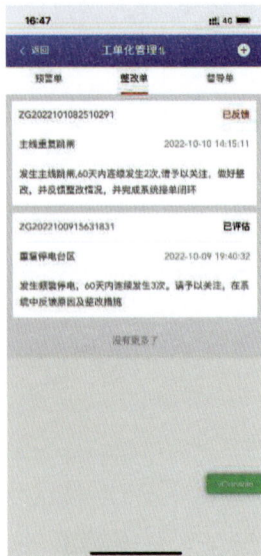

图31-6　待审核整改单

图31-7　整改单审核填写

（三）整改单整改

接单人员汇报班组长后拉开农贸市场支线开关，隔离故障柜，完成整改后登录"i国网"App进行工单操作。在【工单化管控】操作界面，切换到【工单化操作管理】页，点击TAB页切换到【整改单】页，选择待整改的工单点击进入详情页，在【已审核】页点【整改】按钮进入整改页，如图31-8所示。【整改完成时间】自动读取当前时间，【整改描述】如实填写后点【提交】按钮，工单流转到评估环节。

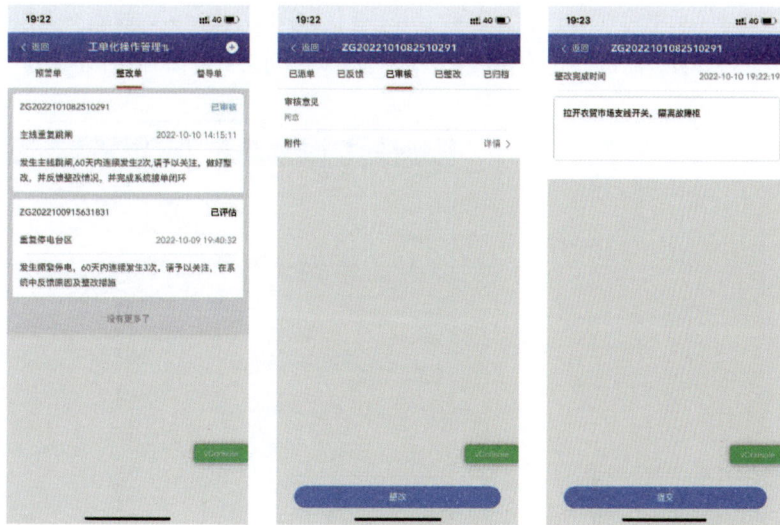

图31-8　整改填写

（四）整改单评估

在【工单化管控】操作界面，切换到【工单化管理】页，点击右上角【+】，在弹出的选项中选择【待办】进入待办页，点击TAB页切换到【整改单】页，可看到当前需评估的工单，如图31-9所示。

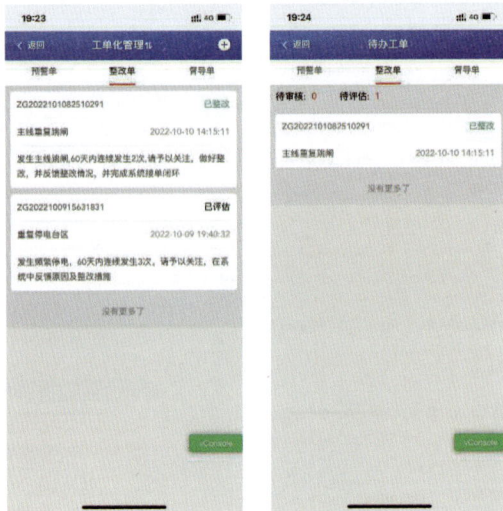

图31-9　待评估整改单

点击工单进入详情页，在【已整改】页点【评估】按钮进入评估页面，如图31-10所示，填写好【审核意见】和【审核分数】，点【通过】按钮工单闭环归档。

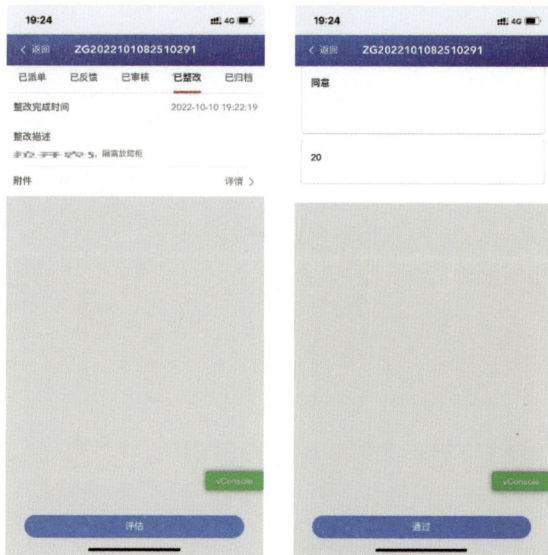

图31-10　评估填写